做一个积极独立的优雅女子

王俊棋◎著

中国商业出版社

图书在版编目（CIP）数据

做一个积极独立的优雅女子 / 王俊棋著 . -- 北京：中国商业出版社，2021.1

ISBN 978-7-5208-1321-1

Ⅰ . ①做… Ⅱ . ①王… Ⅲ . ①女性—修养—通俗读物 Ⅳ . ① B825.5-49

中国版本图书馆 CIP 数据核字（2020）第 213401 号

责任编辑：侯　静　杜　辉

中国商业出版社出版发行

010-63180647 www.c-cbook.com

（100053 北京广安门内报国寺 1 号）

新华书店经销

三河市长城印刷有限公司印刷

*

710 毫米 ×1000 毫米　16 开　12.5 印张　175 千字

2021 年 1 月第 1 版　2021 年 1 月第 1 次印刷

定价：48.00 元

* * * *

前 言

优雅女人有格局

什么是格局？

百度的解释："格"是对认知范围内事物认知的程度，"局"是指认知范围内所做事情以及事情的结果，合起来称为格局。不同的人，对事物的认知范围不一样，所以不同的人，格局也不一样。一个有格局的人，无论在处理任何事情时，都既有智慧的深度，又有修养的宽度。所以，一个人的气度和胸襟，与他的视野是否广阔有着莫大的关系。格局大的人，自在平和、心胸宽广，能够体察他人的情绪和想法，受人尊敬，自在欢喜。反之，一个没有格局的人，处处为自己设限，同时也不能正确处理与他人的关系，过得十分拧巴又疲惫。

同样，一个女人的格局大小，决定了她收获幸福的能力。一个女人的世界是由工作、家庭、爱情、婚姻等多个维度组成的，任何一个维度都在考验着女人。女人不能游走于这些维度之外逍遥自在，又不能被困于这些维度之内而失去自我，女人的脚步既要丈量家庭的三寸方圆，又要放眼更广阔的世界。所以，女人的格局有多大，眼界有多高，心胸有多广，决定了她一生的幸福有多少。

无论是从先天生理还是社会责任来看，身为女人都是不容易的。因为她们要背负的东西太多，如天生细腻的情感，生儿育女的责任，职场中无形的劣势，等等。比起男人的简单、坚定、有力和义无反顾，女人确实会面临更多的难处。但这在某种意义上又是一种幸运，身为女人，对生命的体验也会更加复杂而深刻。

所以，女人要放大格局，拓展生命的宽度和广度，如此才能在这个世界上活得更精彩，在不易的生存状态下过得更游刃有余。

身为女人，在经历了像其他女同胞一样的人生状态以后，笔者有了很多感悟和体会，尤其是当我的事业顺风顺水、家庭美满幸福、丈夫体贴关爱的时候，我知道这一切除了是自己修来的福报之外，更多的是因为“我变了，我周围的一切才变了”。就像卡耐基说过的，“格局是将一件事放在长远的时间和辽阔的空间范围内去看，这让我们拥有更宽广和开放的心智。零度格局的人从众，一度格局的人看到自己，二度格局的人看到世界，三度格局的人改变世界”。

为什么呼吁“女人要放大格局”？那就是为了能活得高品质而随性。

笔者以前常常被问这样一个问题，如果来世仍然为人，你愿意当男人还是女人？对于这个问题我的答案是很笃定的——女人，仍旧是我不二的选择。原因很简单，女人可柔可刚，即使外表柔弱，内心依然可以坚强。

作为芸芸众生中的一员，笔者的经历和很多人一样，也遭遇过不少的挫折、失败和沮丧，但通过在生活中不断体验、不断修正，磨去身上让人不舒服的棱角，渐渐变得圆融通透，在不断努力中成就事业，最终收获经济上的自由和情感上的幸福，也获得了心智的提升。

身为女性，不期望自己能改变世界，但一定要在内观自己的同时，看到别人看到世界，能够在做好自己的同时也兼顾与女性有关的一切。

一个真正有格局的人，才能够在任何条件下，保持慈悲和爱别人的能力，保持自己选择怎样过好这一生的能力，这也是一种真正爱自己的能力。有了这种能力，才能更多地施爱于人。

如果男人的一生是用来成长的，那么女人则要去修炼，放大格局。我们会在修炼自己的路上披荆斩棘，也会找到“打怪升级”的乐趣。要相信在路的尽头一定有惊喜。而这一路上不经意间埋下的种子，都会在将来开花结果。

本书既可以逐章阅读，也可以单选出任意一章来看，从“容颜、品格、财富、见识、婚姻、幸福”等多维度来修炼自我，让女人收获美好情感的同时也不忘经济独立，既能在无情的岁月中变得有情，又能在年岁增长中放慢变老的速度。

因为，时间从来不说谎，你所在意和努力去追求的东西，最终会以你想要的样子回馈给你。

目 录

上篇　女人就是要积极的过，优雅的活

上篇

女人就是要积极的过，优雅的活

第一章
女人优雅大格局

女人的格局和优雅一样非常可贵

每个人的格局都是不一样的。你究竟是要把自己的人生围成一个圈，还是要把它建成一个广阔的大舞台，完全由掌握在你自己手中的人生格局来决定。我们必须相信，自己就是有这种本事，能把设想出来的人生变成现实中的生活，成为自己想要成为的人，过上自己想要过的日子。这绝不是异想天开地要去建造一座空中楼阁，而是站在现实基础上，凭借格局的智慧，一砖一瓦地为自己建一座金碧辉煌的人生殿堂。

格局关系到一个人的生存状态和生活方式。小到每一次的待人接物，大到对某个重大事情做出决策，格局的高低决定了会有不同的结果。我们谈到一个人的成功，往往会联系到他的人生格局；提及失败的时候，也少不了从人生格局入手来寻找问题的根源。这是为什么呢？因为格局体现了一个人对这个世界的看法，以及在相关意识形态指导下产生的现实表现，这些都直接决定着一个人人生的最终结局如何。无论人的外貌多么完美，也主要在初次见面时起作用，而来自格局的魅力却可以历久弥新，散发出迷人的气息。格局深入骨髓，与我们的灵魂直接相连，它反映出了个人的性格、思维习惯、行为方式、意志品质等。如果这一切能够适应时代发展，在开拓进取的道路上不断更新，那么你势必会成为一个有大格局的人，人生结局也终将是成功的！

格局是一个人的情商和智商、眼界和心胸、修养和品格等素质的综合体现。拥有格局的女人，会在普通中变得不普通，在平凡中成就不平凡，哪怕生活就是普通而又平凡，却又能让自己在平凡烟火中过得活色生香。

有格局的女人就是有智慧的女人。这种智慧就像美国"成人教育之父"卡耐基说的那样：懂得收敛自己的光芒，避免刺伤别人和树敌；不是告诉别人你有多聪明，而是在不经意中绽放智慧和信心。能掌控自己，也能掌控生活，所以才能不紧不慢、低调优雅。

现实生活中，我们可以看到许多有格局、有智慧的女性标杆：

如格力电器董事长兼总裁董明珠，在看似为男人所支配的商界闯荡出一片自己的天地，被誉为商界铁娘子。

如演员刘涛，在嫁与富有的丈夫后选择了息影，相夫教子，全身心投入家庭。但在丈夫遭遇挫折时挺身而出、坚强面对，又开始频繁接戏，帮丈夫和整个家庭渡过了难关，成为最大气的女人。能屈能伸，为爱放得下也拿得起。

如《哈利·波特》的作者罗琳，她曾是靠着领取失业救济金过活的单身母亲，如今却是身家超过 5 亿英镑的英国富婆，赶超英国女王。从一个连房租都无法负担的单身母亲到畅销书榜首的作者，她不但凭着自己的力量拯救了自己和家庭，还为全世界的孩子们点亮了科幻和想象的灯。

她们有着不同的背景、不同的身份，但殊途同归的是：在她们身上，我们看到了女人的格局。这种格局是董明珠打拼事业时的"巾帼不让须眉"，是刘涛遇到变故时的"不言苦累，淡定从容"，是罗琳在遭遇生活痛击时的"置之死地而后生"。

生而为女人，有些人抱着一种侥幸的心理，觉得自己是女人，没必要像男人那样去拼搏，也没必要像男人那样去独立，或者说，不需要像男人那样在世界上征战，有一种根深蒂固的要依附别人才能过活的思想在作祟。有些女人总以为，只要把自己打扮好，将来再找一个好男人嫁了，一辈子依附着一个好男人，就能过得舒舒服服。

可是，生活往往会给女人带来深刻的教训。这世道无论是男人还是女人，终究能靠得住的人，只有自己。你过得舒服，无非是别人在替你扛着生活的压力罢了。

如今这社会上越来越多的女人会赚钱，越来越多的女人会打扮，越来越多的女人会享受生活，可是那种越来越有魅力、越来越有格局、越过越顺心的女人却很少。

大多数女人到了中年之后就被锁定了结局，结婚的结婚，离婚的离婚，守寡的守寡，单身的单身。要么天天和老公周旋于小三的事情，乐此不疲又苦不堪言；要么每天除了围着孩子转，就是恨不得孩子天天围着自己转（孩子大了往往不和母亲亲近）。

很多女人到了中年之后，就成了明日黄花，开始凋谢，开始枯萎，开始落寞！

如果女人不想自己的人生过早地凋零，那么必须趁早打算，修炼自己的格局，才能扭转人生的定局。

人生就好比一盘棋，棋的格局决定了对弈的结局。有的女人在下自己人生那盘棋的时候，随性且随意，她们不懂布局、不懂积累，所以，开局就注定不能完胜，而有的女人则明白自己想要什么，然后步步经营，在人生这盘棋上稳操胜券。如果把一生比喻成一颗需要成长的种子，那么，有三种结局：

放到花盆里栽种，最多只能长到半米高，甚至有中途夭折的风险；

放到缸里栽种，能够长一米多高，但不一定会开花结果；

放到庭院里栽种，就能长到四五米高，开花结果，肆意盎然。

人生所能到达的高度，往往就是心里提前为自己预设的高度。这个高度就是一个人拥有的格局，而这往往能决定人生最终的结局。

优雅有格局是一个人最好的生活方式

我们可以这样认为，当一个人的格局足够大时，再大的问题都有办法解决。也就是说，如果你想让自己的人生变得无所畏惧，就要从拓展自己的格局入手，把格局变大，解决任何问题便都可以手到擒来。这也就是为什么许多成功人士在奋斗的时候常会遇到许多问题，甚至有些问题还曾将他一手创立的基业毁掉，可是当这个人真真正正地站起来，创立了一番大事业，稳稳当当地坐拥成功的时候，人生就真的顺风顺水了。

会处世的人，才能游刃在这个充斥着面具的社会。这样的人不光有着极强的社交能力，还有着超高的工作能力。

会处世的女人，往往都有广泛的社交圈，家庭也会更加幸福。这也是一个有格局女人的外在体现。

小到家庭琐事邻里之间，大到职场周旋公共事务，无不考验着一个人为人处世的能力。

有一个姑娘，在很多人眼里都属于那种大大咧咧、没心没肺的人。有一次我与她一起出差，在高铁上，车厢里的淘气孩子太多，很吵，让人睡不着。她立刻爽直地说："这有什么？"迅速递给我一个小袋子——里面装着一副发热眼罩与两只防噪声耳塞，这是她的出门必备。从此，这两件宝物也成了我的旅行必备。

那一路，尽管车厢里不安静，但我却睡了一个安稳觉。从那以后，我就对她格外关注，她是我见过的最懂生活的人，无论做什么，凡事都安排得井井有条。你如果跟她旅行过一次，就会发现过去的所有旅行都是将就。她不怎么关注别人喜不喜欢她，全部的精力都用在钻研如何花很少的钱、过很有品质的生活上。她成了这方面的专家，身边从来不缺朋友。在我看来，这就是一个会处理事情的典型。

除了这种日常事务之外，我一直觉得，要学会处理人际关系也很考验一个人。不仅仅是和亲密爱人之间的夫妻关系，还有和公公婆婆之间的关系，以及和儿女之间的关系，又或者是和同事、上司之间的关系。会处理关系的女人，杜绝了很多麻烦。这些麻烦，有些是来自别人，有些则是庸人自扰。

为人处世是女人一辈子都不能丢掉的生活方式，这决定了一个女人的眼界和格局，教会一个女人求同存异。更重要的是，为人处世能力强大的人能在遭遇困境时，给自己一条退路，也能给周围的人带来好运。

我听同事讲过一件事。有一次，她去乘公交车。由于司机和乘客发生了矛盾，司机把车停在了路边。这引得公交车里的其他乘客也开始抱怨，几乎人人脸上都露出了愤怒的表情，一些人甚至开始大骂司机和那名乘客。然而，在所有人都指责司机和乘客的时候，一位女士走了上去。她并没有像其他人那样抱怨自己的时间被耽误了，而是对发生冲突的司机和乘客抱以理解。

她冷静地分析了事情的来龙去脉，完美地解决了司机和乘客的矛盾，还非常耐心温和地安抚了情绪失控的其他乘客。在整个过程中，这位女士都表现得淡定从容。

她眼中的冷静和嘴角的笑容给同事留下了深刻的印象，同事和我说到此事的时候，还在感叹：“这样有着包容他人错误的能力和处理事情时有大局观念的人，是很容易使人信服的。”

如果不是这位有处理事情能力的女士化解干戈，事情往往会有不同的走向，甚至有更大的安全隐患。

曾在网络上刷屏的重庆公交坠江事件，同样是乘坐公交车，一位急躁的妇女由于自己乘车过站，要求司机中途停车，司机不肯，她便用手机击打司机，导致公交车上 15 个鲜活的生命全部葬送。这是血淋淋的教训，也让人唏嘘没有格局不会处世的人，在关键时刻有多么可怕。

我在一本书上看到过这样一句话：“心有格局纳百川。”为人处世，需要我们处理的事情有很多，也正是在这其中彰显了一个人到底具有什么样的品性。

有格局的人不是不会遇到糟糕的事情，而是有能力将糟糕的程度降到最低。

著名影星奥黛丽·赫本，年轻时风华绝代，老了依然绝代风华。她为何能成为女神中的女神？秘诀就在她的遗言里，她说：“若要优美的嘴唇，就要讲亲切的话；若要可爱的眼睛，就要看到别人的好处；若要苗条的身材，就把食物分享给饥饿的人；若要美丽的秀发，就要有孩子的手指穿过它；若要优雅的姿态，走路时要记住行人不只有你。”

在我看来，这些恰恰就是一个人是否有格局最好的证明。

女人的格局能影响男人的高度

在网络论坛上，有一个讨论话题是："女人对一个男人有多大影响？"讨论中，有一个观点特别有意思，大体是说，曾经认为一个顶天立地的男人怎能轻易受女人影响，后来听过来人说过一句话："永远不要低估了身边女人的威力，可谓成也女人，败也女人。"

有人说："男人一辈子没有出息，往往是因为自己老婆的原因。"更有人说："父母决定你的起点，妻子决定你的终点。"这话虽然有些绝对，但是也不无道理，相爱的男女，其灵魂都是彼此吸吮、互为融合的，最终结合得像一个人。尤其是女人，在男人的精神成长和价值发育方面，扮演着"嬷嬷"的角色。

一个女人的内在、思维、言谈举止以及她生活的方式等，能影响男人的一生。常言道，"妻贤夫祸少""一福（妇）除百灾""好女人是男人的学校"，男人女人在相互改变影响中，一个有格局的女人能够用自己的高度影响男人的高度。

之所以男人和女人在相互改变和影响，源于镜子效应。当你照镜子时，镜子里的你会随着你的喜怒哀乐而变化。这是最狭义的镜子效应！同样，夫妻之间，你是什么样的人，就能影响对方成为什么样的人，这就是镜子效应的真谛！在两性相处的婚姻生活中，你的另一半就是镜子。当你看到对方的样子，其实在很大程度上就是自己真实样子的投射。而一个有格局的女人会用自己的高度去提升对方的高度。

美国著名作家马克·吐温曾说：“女人就该具有女人的一切天性——温良、耐心、可信、无私、宽宏大量。她的神圣义务就是安慰不幸者，鼓励丧失目标者，帮助忧伤者，拯救堕落者，亲近孤独者。”这可看作他心目中关于好女人的一个标准。

男人的一生，站得高不高、走得远不远，取决于能否遇到一个好女人，而这个好女人便是他的贤内助，能默默跟他并肩一起走。

男人都渴望找到一个好女人相亲相爱一辈子，这就好比女人也渴望找一个好男人相亲相爱一辈子一样。没有谁不想跟一个靠谱的伴侣走完彼此的一生。世上的女人真是多，足以令男人们眼花缭乱，有漂亮的，有浪漫的，有温柔的，有性感的……然而弱水三千，却只能取一瓢饮，最终能够让蹚过婚姻这条河的男人由衷地说出“娶了她是我一辈子的福气”的女人，一定是有格局的女人。

著名导演李安，他在镜头前接受记者采访时坦言，如果没有自己的妻子，自己不可能有如此成就，自己的高度是妻子给的。

李安未成名之前曾在家当了 6 年家庭“煮夫”。这 6 年里，李安每天除了在家里大量阅读、看片、埋头写剧本外，还负责买菜、做饭、带孩子、打扫卫生。每到傍晚做完晚饭后，他就和儿子一起兴奋地等待“英勇的猎人妈妈”带着“猎物”回家。

这 6 年来，都是妻子林惠嘉挣钱养家。她是美国伊利诺伊大学的生物学博士。亲戚、朋友曾问林惠嘉：“为什么李安不去打工？大部分中国留学生不都为了现实而放弃了自己的兴趣吗？”看到妻子一个人养家，李安觉得过意不去，偷偷地开始学电脑，希望能比较容易地找一份工作养家糊口。那时他正打算放弃电影梦想，情绪萎靡不振，被妻子发现后，她一字一句地对李安说："安，要记得你心里的梦想！"后来妻子又告诉他："学电脑的人那么多，又不差你李安一个！"

林惠嘉是一位非常独立和出色的女性。李安曾说："妻子对我最大的支持，就是她的独立。她不要求我一定出去工作。她给了我充足的时间和空间，让我去发挥、去创作。要不是碰到我妻子，我可能没有机会追求电影生涯。"可以说，妻子林惠嘉的鼓励和支持，以及在婚姻中独立的个性成就了李安的梦想。

家庭中，大多数男人更容易受妻子的影响，因妻子的意志和态度而改变自己。一个女人，不管有没有事业，也不管事业做得如何，她们都能在精神上影响男人。在婚姻生活里，女人就像春雨润物无声一样，可以一点一点地滋润男人。女人的影响看似无声却胜有声，起着水滴石穿、决定命运的作用。

所以，一个男人最幸福的事情是娶对一个女人。比尔·盖茨曾说他这一生中最聪明的决定不是创建微软公司，更不是他近些年一直在大力推崇的慈善事业，而是他找到了最合适的女人并且与她结婚。我们不是比尔·盖茨，可能无法体会到坐拥财富和投身慈善带来的成就，但我们相信如此有成就的一个人说出这样的话来，一定是非常中肯而有意义的。我们通过这些人的高度，也能体会和感觉到他们身后妻子的格局与高度。

格局能决定婚姻的幸福层次

所谓家庭，就是夫妻之间一起合伙开创、一起经营的江山。女人可以说是一个家庭的“定海神针”。

有这样的说法：一个家庭幸福不幸福，80% 以上取决于女主人；有一种女人嫁给谁都幸福；一个男人的幸福是自己的福，一个女人的幸福是全家的福；女人决定了上一代人的幸福、这一代人的快乐、下一代人的未来。可见一个女人的确是婚姻的主导者，也是一个幸福家庭的缔造者。否则就不会说，一个好女人幸福三代人了。

一个家庭婚姻是否幸福，妻子的作用很关键。她既是丈夫的助手和伙伴，也是孩子的母亲、公婆的儿媳。妻子就像家庭的主轴一样，起着维系家庭关系的核心作用。妻子有格局就会凡事往前看，不钻牛角尖，会顾全大局。同时，不把责任推给别人，婚姻出了问题会积极想办法和丈夫一起面对，共同解决，积极维护婚姻家庭生活，使之平和平顺、和睦幸福。反之，妻子如果没有格局，小事也会变成大事，遇到大事更会乱了方寸，不是抱怨丈夫就是埋怨公婆，甚至对孩子心生不满，如此这般就会使家庭不安，甚至生出很多祸害。 女人想要做家庭主轴，离不开格局。心胸宽广才能不计较得失；有高尚的价值观才能不贪图名利；有良好的素质和修养才能活得光明磊落，不去搬弄是非；有教养才能对上尊重体谅老人，对下关爱教育孩子。所以，当一个女人具备了格局，就能够决定婚姻和家庭的幸福层次。

每个家庭不同，所拥有的幸福也有层次。

第一层：婚姻一旦发生问题，第一反应就是先把责任推出去，都是别人的错。处在这一层次的女人，眼中和心中总认为是别人的问题，很少反省自己。无论遇到大事还是小事，推诿责任的次数多了，彼此不理解的概率就会增大。家庭时常鸡飞狗跳的大部分属于这一层次。

第二层：认为婚姻不够好，是因为自己不够努力。这一层次的女人已经比第一层次的女人有了进步，懂得从自己身上找原因，而不是把责任完全推给对方。一旦意识到婚姻幸福指数不高也有自己的原因，那么就会努力让婚姻往好的一面发展。这是心态积极的人才有的意识，有了这样的心态说明已经具备了一些格局。

第三层：婚姻有问题，夫妻一起解决。这一层次的女人已经具备了处理问题的能力，眼界和心胸都不再拘于小节。“无事不惹事，有事不怕事”的这种状态，往往能使夫妻一起面对问题，没有什么过不去的坎儿，婚姻很少出现大的矛盾和问题。

第四层：三观一致，更愿意做出有利于对方的选择。婚姻中的问题往往都是彼此价值观不同造成的，教育的价值观、养老的价值观、工作事业上的价值观……这些不同就会出现纷争。这一层次的女人往往能够体谅和尊重对方，知道每个人都有自己的价值观和崇尚的底线，不要去试图改变和触击，而是尽最大可能做出让步，尊重对方的选择。能够尊重对方，就是一种格局。

第五层：知道自己想要怎样的婚姻。知道自己是谁，非常重要，也非常关键。因为一旦步入婚姻，女人面临的就是身份的不断改变，从女儿到妻子再到母亲，身份的改变带来的现实问题也会层出不穷。如果不能及时调整对自我的认知和对现实生活的态度，就有可能在角色发生改变之后不能接受现实。不同的婚姻身份，就有不同的思考方式，也就形成了不同的人生。当身上的身份越多，就越看不清自己到底是谁。一旦知道自己是谁、想要怎样的婚姻，又能在这个婚姻里做到什么，这就是格局了。

第六层：能够改变自己的婚姻现状。不幸的婚姻各有各的不幸，而幸福的婚姻无非是一条：我能改变我的婚姻现状，我是带着使命来生活的。每对夫妻都是凡人，都可能犯错，都有情绪和压力，当出现问题的时候，想积极去改变婚姻现状的人才是有智慧、有格局的人。

婚姻幸福的这六个层次对女人的格局有着不同的要求，格局越高越能够让婚姻的幸福层次变高，反之亦然。

幸福从来不是一件自然而然的事情，真正幸福的婚姻需要夫妻两个人共同努力，婚姻从来不是一个人的避难所，而是两个人共同的归宿。有格局的女人会让自己不断提升，女人的高度决定了她婚姻的层次。要明白把自己变得越来越优秀不是为了讨好男人，而是为了不辜负今生女儿身。

格局能引领孩子的未来走向

一个人的格局大小决定了他身边会有些什么样的人。而对于一个当母亲的人来说，她的格局则深深地影响着孩子的未来，甚至可以说在很大程度上决定了孩子将会成为一个什么样的人！

孩子最终会成为一个什么样的人，主要取决于他从第一个教育者那里所接受的爱的质量、陪伴和榜样示范。对于现在的孩子来说，从小第一个接触，也是接触最多的就是自己的母亲。母亲在孩子成长的过程中扮演着非常重要的角色，母亲的性格、言行会影响孩子的一生。所以，母亲的格局就是孩子的未来。

母亲之于孩子，是最亲密的存在。在日夜相处的过程中，母亲所有的行为都会感染孩子。对于孩子来说，母亲就是人生最初的教科书。有格局的妈妈，懂得包容生活的残缺、事态的不完美，她们懂得用乐观的态度鼓励孩子去接受生活赋予的一切。

孩子具有模仿的天性，尤其是在他们成长早期，父母就是他们成长的参照，尤其是母亲的榜样作用更为明显。教育学家的研究表明，母亲有较高的道德修养，孩子就会以母亲为榜样，先是照着做，久而久之，习惯变成自然，就成了他们日后处理各种关系的道德准则。

一个母亲的眼界和格局，心性和智慧，其实才是孩子真正的起跑线。

母亲用什么样的方式看待世界、看待未来，孩子就会用什么样的方式来看待自己。

如果一个母亲喜欢读书，那孩子将会在诗书的氛围中被滋养；

如果一个母亲热爱旅行，那孩子从小就会被带去认识万千世界；

如果一个母亲谦逊有礼，那孩子待人接物也会学得有礼；

如果一个母亲喜欢打麻将，那孩子将会在乌烟瘴气的赌博游戏里长大；

如果一个母亲手脚懒惰，那孩子大多也会变得好吃懒做……

台湾心灵作家黄淑文说过："只要活成你自己要给孩子的典范，孩子自然会成长为他们所看见的人。"

母亲的格局，往往决定了孩子未来的模样。

一个家庭，母亲是轴心。很难有母亲那样的向心力——母亲对家付出最多，花的心思最多，自然最具有凝聚力。孩子依恋母亲，母亲影响孩子，孩子的家庭角色就是由母亲一手培育打造的。所以，母亲的责任重大，言传身教也非常关键。

台湾心理学博士洪兰女士说："从人类演化角度来说，母亲是家庭的灵魂，母亲快乐全家快乐，母亲焦虑全家焦虑；母亲乐观全家乐观，母亲悲观全家悲观。"这不是给女性加压，而是提醒母亲，当一个女性走入婚姻后，与家务完美、自己完美、孩子完美相比，自己的情绪更是第一位的。而有格局的女人，往往能够很好地控制自己的情绪，对家、对孩子产生积极的影响。

现实中，没有放大自己格局的女人很难有承压力。在生活中一旦遇到压力就会抱怨生活、抱怨老公，甚至责骂孩子，家里整天充满火药味儿，这样的家、这样的母亲就没有什么凝聚力。被抱怨得多了，老公想逃；被责骂得多了，孩子想跑。时间一久，本来应该让家和谐的母亲变成了碎嘴婆、唠叨婆，家还能和谐吗？

有格局的母亲体现在：

其一，表情柔和。一个母亲，经常笑脸示人，这个家一定会安乐和谐。有个孩子对母亲说“妈妈微笑的样子真好看。”相由心生，只有内心淡然平和的人，才会把微笑挂在脸上。而情绪平和的母亲，孩子学到的是平和、知足，在遇事时或与别人相处的过程中也会很得体，能够很好地处理自己的情绪。

其二，声音柔和。很多时候女人当了母亲，左手生活右手家，左边孩子右边家务，往往会没有好脾气，面对不听话的孩子会情绪失控，甚至对着孩子大吼大叫。这样一来，孩子要么变成了胆小怯懦的应声虫，母亲说什么就是什么，不敢反抗失去主见；要么变成了跟母亲一样的小刺猬，动不动就会发火大吼大叫。有格局的母亲不是没有情绪和脾气，而是能够通过其他方式排解，不把负面情绪传递给孩子。即使实在控制不住脾气，也会在情绪过后跟孩子探讨是什么原因导致产生这样的情绪，而不是乱发脾气。

其三，生活随和。生活的压力人人都有，有格局的女性能够在承担压力的同时与丈夫达成一致，不会迁怒别人。尤其是不会在育儿问题上把责任和怨气归结在公婆和爱人身上，出现婆媳问题能有效解决而不至于让生活中上演婆媳战争和夫妻战争。因为一个家，生活的氛围很关键，也能够对孩子产生非常深远的影响。有爱的家孩子学会爱，没有爱的家孩子不会爱、不懂爱和体谅。

很多有成就的人，在讲起自己的成功经验时，无不谈到自己家庭和母亲对其的深远影响。比如：

比尔·盖茨说过，自己在母亲那里得到的是“虔诚和善良”，我们在比尔·盖茨对全世界贫困地区的大量捐款上就可以看到他母亲的印记。

著名作家金庸曾经说，他对小说的人物内心深处的探索很多是受母亲的文化影响。金庸的母亲徐禄是徐志摩的姑妈，在那个时候就读过高中，并能写一手漂亮的水笔字。

作为普通大众的我们，成为一个平凡的母亲，怎么就知道不能影响自己的孩子将来成为一个伟大的人呢？所以，为母则强，有格局的母亲能影响孩子的未来。

第二章
优雅的女人自带光芒

生活既能苟且又有诗和远方

格局大的女人心里面有一个世界。这个世界是她们内在丰富的关键。因为这样，她们不会为眼前苟且的生活所局限。她们对生活的追求不再只是物质的多寡，而是人生意义所在。格局大的女人，往往知道自己为什么而活，既能脚踏实地，又敢于追求诗和远方。

生活七件事，柴米油盐酱醋茶。每个人的生活都离不开这七件事，在大部分人的眼里这是平淡如白水的苟且。所以，很多人向往着更浪漫的感觉和更有仪式感的生活方式，也就是大部分人口中所说的诗与远方，这二者是不是鱼和熊掌不可兼得呢？在大多数人的生活中，似乎诗和远方是遥不可及的，只顾活着而忘了诗意的生活。

之所以有格局的女人可以让这二者兼得，是因为她们明白“生活就是艺术”，诗和远方不一定要超越生活，从平凡生活中亦可寻得。把日子过得活色生香，往往靠的是一颗浸透人间烟火的心，这样的心自带诗意。

比如，生活中难免有夫妻关系、亲子关系出现问题的时候。女人在这种时候，应该知道及时调整和释放自己，不要把自己绷成一个即将炸裂的“火药桶”，知道适可而止，允许自己躲开糟糕的状态，等到“满血复活”时再继续，而不是钻在牛角尖里不肯出来。

比如，遇到不顺自己心意的时候，会换个角度想问题。孩子不听话时，会想，这不正是孩子的天性外露吗？孩子就是靠着调皮顽劣来认识世界和认识自己的。工作中遇到挫折时，会想，这不正是锻炼自己韧性最好的契机吗？有锻炼的机会，才能提高工作能力。家庭成员之间有了矛盾，会想，这不正是家的样子吗？发现问题，解决问题，使情感更融洽、关系更亲密。

女人是艺术人生的主角，也是诗和远方的“生产力”。每天，孩子看到妈妈乐观地面对生活，身教大于言传，他们就会发自内心地产生安全感，就会用积极的眼光看待生活。家，会因为一个女主人的乐观而变得其乐融融。幸福的生活会更幸福，不幸的事情也会因此绕道。所以，即使在别人眼中看到的全是生活的苟且，也依然能够在这种平凡、平淡的生活中过出诗意。

我喜欢过一种简单而有趣的生活，没有烦琐的事情，没有尘嚣的干扰，静静地感觉生活。我认为，这是生命的真谛。把工作当作好玩的一部分，所以过得轻松。我一直认为拥有太多，也会失去太多。钱太多会患得患失，考虑太多会让思考打折，不被任何胜利冲昏头脑，不因小小失败而丧失斗志。把生活当成艺术的一部分，用自己的眼睛涂上底色，用自己的心情描绘风景，用自己的态度为其装裱。

生活难免会有千篇一律的枯燥。很多人习惯将自己目前所经历的、不满的生活当成苟且，认为远方一定有诗一般的桃源。把别人的苟且当成自己的诗和远方，就像某句话说的那样，“旅行，就是从你厌倦的地方到别人厌倦的地方去”。

和朋友聊天，她说，生活总是平淡的，柴米油盐，走得再远，总还是要回来的。跟自己爱的人在一起，再普通的日子也会变得有色彩，一如诗一般的生活。比如，上班、下班、烧饭、做菜，闲时看本书，听首歌，看一场电影，或是写一段优美的文字。简单、重复、单调的生活，却让我体会到了其中的真谛：真正诗一般的生活，从来都是在当下。从平凡的生活中发掘出美好，将平凡的日子过得不平凡。

我一直认为，生活的仪式感是和幸福感成正比的。在有限的时光里做一些取悦自己的事情，就算是简单的日常，带着仪式感去做，也会让无趣的小事充满乐趣。而我也确实是一个特别注重仪式感的人，工作再忙每年都要抽出时间和家人出去旅行。

当一个女人成为母亲，那些风花雪月的浪漫渐渐地就会被柴米油盐的琐碎取代。给孩子哺乳、换尿不湿，教孩子说话，让孩子学走路……吃喝拉撒、早期教育，孩子的一切都牵挂着母亲的心，这样日复一日的生活，容易让人倦怠，容易让人感觉生活就是日复一日没有盼头的苟且。但如果带着积极的态度和格局去看待，就会发现这样的苟且里面也藏着诗意。

我有个姐妹儿堪称生活多面手，讲课、主持、唱歌、美容护肤、运动健身，样样精通又样样实打实地做出了成绩，是领导极为赏识的骨干力量，是学生敬仰的良师益友，是同行眼里的佼佼者，更是孩子心中的好母亲，她还积极参与爱心公益资助寒门学子。无论走到哪里，她的光芒都会照到那儿。尽管如此繁忙，但闲暇的时候，她也会给家人和自己带来一份美好的心情。

生活这种东西乍看势利，内里实在，你怎么敷衍生活，生活就会怎么敷衍回来；反之，如果我们对生活讲究，往往会被生活温柔以待。缺少格局去苟且，生活就是苟且；对自己和生活讲究，生活就是诗和远方。

大度从容，能够活在当下

作家杨绛说过："人所以烦恼，在于读书太少，想得太多。"我理解的这种想得太多，应该就是内心不够敞亮，不够无挂碍。凡事都想计较，凡事都在意，就会把自己搞得很累。有格局的女人往往能够看得开，遇事大度从容，对人很少计较。

她们之所以能够做到淡定与从容，从某种角度上来说，更重要的是来自她们内在的选择与取舍。何谓取舍，就是明白事物有正面也会有反面。她们会丢掉过多的幻想，务实地活在当下。对于已经发生的事情，即使不顺心，也可以宽宽心，不较真。

比如，同事们已经兴高采烈地决定去那家餐厅聚餐了，虽然离自己家太远，也会庆幸终于有机会去尝尝鲜了；劝爱人去检查身体，他不听，有一天突然倒下了，这时候不会抱怨或说"早劝你不听，你看结果成这样了"，只是全力带他治疗，而不必再痛心纠结于"谁让你不听我的话"；与朋友约定见面时间，可是对方迟迟不来，与其抱怨说"烦死了，干吗浪费我的时间"，不如趁机逛逛身边感兴趣的小店。

所以，女人的大度就是在心里让一切事物过去的就过去吧，既往不咎，宽宽心，向前看，"开"心，不苛求。

在纷扰复杂的社会中，需要的正是那种大度平和、活在当下境界的人。该工作时就工作，该休息时就休息，放下烦恼，摒弃忧思，全身心地投入眼前的每一分每一秒，并坦然地接受它、享受它。每个人的生命只有一次，过去无法改变，未来尚未发生，只有当下才是最为真实的。

格局的缺失，无法用努力代替

经常听到有人抱怨："我这么努力，这么辛苦，为什么得不到回报？"

但是，放眼四下，谁不辛苦，谁不努力？努力和辛苦，只是这个时代的标配，眼光和格局，才决定一个人最终能走多远。或者说，如果格局缺失，是无法用努力代替的。

有些人习惯怨天尤人，把人生暂时的不如意归结于命不好、基因不好、环境不好。如果真的这么想，生活就只能是日复一日地恶性循环，不会有丝毫改善。但如果有人告诉你，你只是没有找对方向，还有补救的可能，你会不会豁然开朗？修炼格局就是这样，一旦有了格局，看似不经意地去做一件事，反而很容易就成功了。缺失了格局，努力也无法替代；有了格局再努力，才能事半功倍。

通常在失败的时候，我们会说自己才华不够或没有能力，然而将责任归咎于才华、背景或环境，事情将无从改善。但如果是格局不够大造成的，那么着手点和处理方法就不同了，只有放大我们的格局，才能掌控自己的人生。

就像美团创始人王兴说的："很多问题当时是个问题，你长大十倍、百倍之后，它就不是问题。"不要因为某个问题很重要就停下来解决问题，最应该解决的是先放大自身的格局。

关于先努力还是先放大格局，金钢集团总裁和他的团队有一个值得借鉴的故事：

在2005—2006年的时候，总裁给员工发年终奖并对他们说："带着钱去旅游，到处看看，让你们的眼界开阔。"结果倒是有人出去旅游了，只不过是去扶沟跑了一趟。总裁当时十分生气，说："不是说扶沟不好，我希望的是你去更远、更发达的城市或国家看看，因为你看了之后有益于丰富自己，回来以后你的眼光就不一样了。你天天在你们村门口转来转去，就是一个村办企业。"你的品位决定了你的见识，你的见识决定了你的人生高度。一个人只有拥有了足够的信息量，在外面见过了大世面，才能增长自己的见识。而有了见识才能理解很多自己不理解的东西，明白很多不能明白的事情，对事物的发展方向和规律才能有个正确的把握，才能对未来有更好的判断。这样再加上勤奋和努力才能让自己拥有不一样的人生和未来。

拥有大格局者，有开阔的心胸，没有因环境的不利而妄自菲薄，更没有因为能力的不足而自暴自弃。拥有小格局者，往往会因为生活的不如意而怨天尤人，因为一点儿小的挫折就一筹莫展，看待问题的时候常常是一叶障目，不见泰山，成为碌碌无为的人。

格局一旦缺失，势必会带来责任心的缺乏，自信心、坚忍度、担当的勇气、做人的使命等的缺失。当这些都不具备的时候，光有努力只能是蛮干，甚至离成功越来越远。也许会因为一时的机遇让自己挣了钱或遇到了幸运的事，但终究也是昙花一现。就像社会上我们看到很多极致的利己主义者，他们不缺乏努力，甚至可以为了一己之利而不择手段，但终究不会长久，缺失的格局不能用其他代替，所得到的东西也会成过眼烟云。

有格局就会有责任心，就有了担当的勇气，就会放大我们做人做事的格局使命感。不管你在工作中当领导还是当下属，也不管你在家庭中当女儿还是当妻子，只要有了责任心，你才能做好自己的本职工作，才会对自己所扮演的社会角色认真对待。

在当今这个飞速发展的社会里，我们要不停地学习，不停地更新理念，扩充知识结构，最重要的是要有一种大胸怀、大格调。

成为一个有格局，有境界，有作为的人！

改变自己多过改变别人

在生活中，大部分的人都试图去改变别人。丈夫想按照自己的意愿来改变妻子；母亲想按照自己的想法来改变孩子；做媳妇的希望婆婆能成为自己想要的样子；做婆婆的总希望媳妇按自己的标准去做……总之，大家都不厌其烦地想要改变别人，而鲜有人意识到改变别人是一件多么难办又多么糟糕的事情。就像那句“改变自己是神，改变别人是蠢”说的那样。只有改变自己才是重要的，也才是有意义的。

德国民间曾流传着这样一个故事。有一对双胞胎兄弟，他们出生后耳朵都听不到任何声响。双胞胎中的哥哥，对这件事耿耿于怀，因此总是大发脾气。他什么都不想做，还经常以自己耳朵不好为理由，逃避责任，不敢面对失败。哥哥就这样庸庸碌碌地长大了，成人后他每天依旧为自己耳朵不好抱怨着，为生活的贫穷而愤愤不平，每天的日子都是灰暗的。双胞胎中的弟弟却与之相反，他觉得虽然自己耳朵不好，但眼睛很好啊，于是弟弟就去学习画画。耳朵不好的弟弟，即便身处闹市，也可以安静地画画，这让他变得非常专注。来自绘画上的成就感，也让弟弟更加勤奋地画画。若干年后，弟弟成了一名出色的画家，在绘画领域取得了极高的艺术成就，他的一幅画通常都能卖到上百万元，不仅衣食无忧，还获得了足够多的成就感，对于耳朵听不见这件事，他则完全不在意，媒体也最多把它当作弟弟人生中的一个励志故事来报道，人们更关注的是弟弟在绘画领域所取得的成就。弟弟的人生格局，就这样不知不觉地比哥哥大了很多。

所以，敢于改变自己不去改变别人的人，格局才能慢慢地变大。不去改变别人，并不意味着不想生活更加美好，而是更懂得给予别人时间和空间，体恤别人、理解别人、尊重别人、爱别人，不用任何理由去碾轧别人、左右别人。真的能够体悟到以“我这样做是为你好”为借口去改变别人，事实上是自私和无知的体现。我们只有唤醒内心自我改变的动力，才有改变的可能，才有觉醒的可能。

作为一个女人，最常犯的错误就是试图去改变自己的另一半。可如果想要携手过一辈子，除了改变自己，真的没有第二条路。美好的婚姻和生活往往不是改变得来的，而是通过不断接纳对方的缺点和不足，然后改变自己默默妥协换来的。有格局的女人往往知道如何在改变自己的同时影响对方，而不是因为对方没有按照自己的意愿行事而心生抱怨，横加指责。

比如，当对方总是记不住结婚纪念日、自己的生日，又不懂浪漫，没有仪式感的时候，与其自己生闷气或者跟对方生气，不如让对方知道自己要什么。可以在生日或结婚纪念日的时候，自己先拿出礼物来，或者自己营造一个氛围去感染对方，下一次也许他就会知道你想要什么了。

比如，当他总也不与你沟通的时候，不要猜测他的动机或情绪，而要去引导他。问问他今天过得如何，遇到了哪些人，发生了什么事，他没理由不告诉你。

所以，有格局的女人能把不利的局面扭转成有利的局面，让生活可控的同时也让自己不失控。

当她看到男人满头大汗，用做满汉全席的时间和精力，做了一桌子家常菜，不管厨房是否变成了战场，菜多么难以下咽，却能装作很好吃的样子鼓励他，并且帮着他把厨房整理得干净利落，说不定他就真的变成了行政总厨的水平，并且能爱上厨房。

有格局的女人不管男人是否不求上进，自己在默默努力提高的时候，男人就会有危机感，他会努力去变得上进，以求能够保持和女人齐平的地位，男人骨子里都怕被自家的“女强人”比下去。男人即使挣钱少的时候，有格局的女人也能做到忍住不去指责、埋怨，而是选择沉默，男人会自己鞭策自己，他会给自己压力，压力从内部打破才更有效。

所谓大格局、高智慧，无非就是一种平静平和的内心状态。格局越大，越不纠结。真正有大格局的人，非常明白自己真正想要的到底是什么，知道自己追求的是什么样的生活，所有的心思都放在改正自己的错误、升华自己上，心无旁骛地朝着目标前进。

有上进心，越努力越幸运

别人拥有的，我们不必羡慕，只要努力，自己也会拥有；自己拥有的，也不必炫耀，因为别人也在奋斗，也会拥有。我们要做的是认清自己，找准自己的路，坚定地走下去，相信自己。人生，越努力就越幸运。

爱尔兰作家巴克莱说过："幸福有三个不可或缺的因素，一是有希望，二是有事做，三是有人爱。"这三者都需要不断进行自我践行和努力，才能成为幸福的要素。努力才有希望，努力才能避免无所事事，同样，努力才会有人爱。与其把时间花在没有意义的事情上，不如用来努力，这世界绝不会辜负任何一个努力的人。你付出了努力，世界将会还你一片精彩的天地。

我认识两个女孩，她们本来是大学同班同学。第一个女孩嫁了一个有高收入的丈夫。她认为，嫁汉、穿衣、吃饭是天经地义的事情，所以自从结婚以后就过起了全职太太的生活。平时花着丈夫的钱，没事做的时候就刷手机、看小视频。就这样过了几年看似安逸的生活，事业做得顺风顺水的丈夫有了办公室恋情。原本她本科毕业，主修的专业是工业设计，人也很漂亮，结果由于自己专业荒废了好几年，落得事业没了、婚姻也由于第三者插足而土崩瓦解的下场。在爱情里面，引用莎士比亚的一句话："我猜中了这个故事的开始，我将上帝赋予我的一切都奉献给了你。但我却没能料到这个故事的结局。”很多人可以在初始爱得死去活来，却难以相亲相爱地走到人生终点，能宠爱自己一生的只有自己的独立和不断努力。

另一个女孩则正好相反。她大学学的是化工专业，在当时谁都不太看好，认为“女孩学化工专业没出路”的情况下，她愣是凭着不断努力和钻研，最后成为了化妆品私人定制品牌的高级管理人才。她每天都很拼，为了能够看懂国外化工研究的论文，她每天利用所有能利用的时间学英语。为了能够找到化妆品生产、销售等相关资料，她尽自己所有的力量跑各个部门咨询。最后还花费了自己打工的积蓄去中国香港、中国台湾、日本、美国进修，提升相关化妆品专业知识。回国以后，一点点试验，一次次积累，自己做销售慢慢发展人脉，做成了年销售几千万元的企业。一个小小的女孩爆发出了惊人的力量。

当别人都认为第二个女孩很幸运的时候，我却看到了她的努力。她凭着自己的努力拥有了当下的成功和幸福。

女人无论是刚踏上社会还是已走进婚姻，上进心才是立足的资本，才是走向独立的基础。一个独立的女孩也能证明自己内心的强大、睿智和勤奋，她们往往更会得到社会的尊重与青睐。修炼增加智慧，智慧赢得财富，财富保证经济独立。婚前，经济独立能使你获得一份有质量的爱情；婚后，经济独立能令你获得平等地位和丈夫的爱与尊重，以及一个长长久久的婚姻。

当然，真正的努力不仅仅体现在赚钱上。女性的努力还体现在运动和学习上。运动能为自己的健康负责，学习能为自己的头脑负责，这也是一种努力。运动和学习是两种看不见的投资，一天两天看不出变化，一年两年也许收效甚微，但长久坚持运动和学习的人与不爱运动和学习的人会有天壤之别。台湾主持人蔡康永说过这样的一段话："5岁觉得游泳难，放弃游泳，18岁时遇到一个你喜欢的人约你去游泳，你只好说我不会耶。18岁觉得英语难，放弃英语，28岁时出现一个很棒但要会英语的工作，你只好说我不会耶。人生前期越嫌麻烦，越懒得学，后来就越可能错过让你动心的人和事，错过新风景。"因为你总是觉得太辛苦，所以在人生道路上失去了很多乐趣。

这段话正好诠释了"越努力越幸运"的真正内涵。努力就是永远不停下追寻的脚步，永远不让自己虚度光阴。

这世上没有什么平坦的路，只有认真走路的人。一个人有多幸运，就必须有多努力，才能对得起自己。

追求外在随性，内在有趣

有句很流行的话是这样说的：“美丽的外表千篇一律，有趣的灵魂万里挑一。”可见，有趣对一个人来说多么难能可贵。一个人若是被外界评价为“有趣”，那已经是一个极高的评价了。往往内在有趣的人，体现在外的也是随性而动，率性而为。说得直接些，就是不装，不做作，能够表现出最率真的一面，自己本来是什么样的，表现出来就是什么样的，在为人处世和言行举止上，既能轻松表达自己，也能愉悦别人。不会刻意地表现出高大上的样子，招人厌烦。

一个人是否有趣，并不取决于外在条件的优劣，而在于是否真的热爱生活，在于是否遇到问题能用幽默或随性的方式去处理和解决，在于用怎样的态度去对待生活，在于是否愿意付出努力去接近所热爱的生活。有趣也是高格局的一种。拥有这种特质的人，能在生活中表现得更加好玩儿和单纯。通常包含以下一些特点：

第一，让人愉悦：首先要给人愉悦的感受，而不是让人讨厌的感觉。

第二，具有审美性：低俗的趣味，可能更多地满足消遣的需求，并不能使人获得一种精神上的愉悦，而具有一定审美性的趣味能满足人更深层的精神需求，才能称之为有趣。

第三，意外感：你原本对一个人或一件事有一定的预期，但最终他

（它）却大大超出了你的预期，这种“意外感”能给人带来新奇新鲜的感受。

一对夫妻因为家庭琐事争吵了起来，丈夫是个小心眼儿，把自己关在书房里生闷气。到了中午吃饭点儿也闷头不吃饭不说话。妻子是个有智慧而且有趣的人，她知道直接跟丈夫说话，他肯定不给台阶，说不好还会引发新的争吵。于是，等下午丈夫坐在沙发上看电视的时候，她开始在屋里东翻翻西找找，似乎在找东西。一会儿掀沙发垫子，一会儿开抽屉，就这样找了大概有半小时。丈夫终于憋不住了，问了一句：“找什么呢？”妻子故作惊喜状：“啊，太好了，终于找到我老公的声音了。”丈夫听妻子这么说，笑意一下子泛上眉梢，跟着来一句：“小样儿，还挺有创意。”于是，原本弥漫在空气中的硝烟味就被妻子这一幽默举动轻松化解。丈夫不但找到了很合理的台阶，而且觉得妻子体贴可爱又十分有趣。

有一次，作家郁达夫和妻子王映霞一起看电影，一时得意，把鞋子脱下来，盘腿坐着，感觉很舒服。王映霞忽然发现他的鞋底竟然有一些钱，立刻质问他为什么要在鞋底藏钱。郁达夫急忙解释说，刚踏入社会的时候很穷，吃尽了没钱的苦头，现在有点儿名气了，也有点儿钱了，但是钱这东西欺压了他好多年，所以要把钱踩在脚底下出气。王映霞一听，疑虑顿消，和丈夫一起感慨起来。看看，有趣的人就是能够轻松地化险为夷，藏个私房钱被发现了还能自圆其说，逃过一劫。

从以上两个案例中不难看出，有趣的人不但会解决问题，而且还能让身边的人感到舒服。内在有趣的人源于对外在的足够了解和洞察，知道得越多，表现出来得越简单随性，会想方设法地让自己平凡的生活开出花朵来。所以，做一个有趣的人，生活起来更有滋味。比如，面对粗茶淡饭的简单生活，他们有自己快乐的方式，邀请几个好友聊天逗乐，或者听着音乐唱着自己的歌，或者拿过一张纸来在上面写写画画。总之，一个有趣的人，总会在自己的吃喝住行方面搞出自己喜欢的花样，从而让自己的生活随心随意又多姿多彩。当一个女人呈现在外面的是简单随性的做事风格和有趣好玩的处世性格，这不正是一种格局吗？

有能力让自己快乐

英国有一句谚语：“乐观者在灾难中看到希望，悲观者在希望中看到灾难。”这一起一落，乐观者和悲观者之间似乎分出了天壤之别。也许很多人对这种论调不赞同，认为乐观与否只左右情绪，不引领人生道路。然而综观现实中的千万实例，无论是乐观之人比之悲观之人，还是某个人的“乐观时期”比之“悲观时期”，两者的人生落差和个中滋味，足以证明心态在生命中确实发挥着超越我们想象的影响力。而一个乐观的人，无论遭遇什么样的人生境况，都有能力苦中找乐，让自己处于快乐的状态，所以，能让自己快乐是一种能力。有格局的人，往往是具有乐观心态的人。

自从有了“女人能顶半边天”的口号后，原本活在男人背后，无经济来源、无地位、无自由的旧时代女性已经一去不复返了。

当下的社会，已经比较开放和自由了。女人一样可以在职场显露身手，凭自己的能力打拼自己的事业，甚至有很多职位以及薪资都远超男人，这是一个非常值得鼓励的趋势，女人该有自己的人生目标。这个目标远不止围着锅台、操持家务、相夫教子。新时代女性真正的人生目标是做一个让自己有能力快乐的人。这个看似简单的人生目标，其实并不简单。

生活烦杂无处不在，有时候难免会遇到一地鸡毛，也会面临很多自己难以处理的问题，所以，时刻保持快乐是一件非常困难又非常重要的事情。

我们每个人都要去追求一种快乐的状态。也许有人说了，快乐哪有那么简单，成天面对一堆忙不完的工作，还要照顾家庭，上有老，下有小，中间有自己。事实上，越是在这样的生活中，越要让自己保持一颗快乐的心。只有自己快乐才能影响别人和感染别人。

有一个段子是这样说的：有一天一个孩子说："妈妈你真美。"妈妈问孩子："为什么？"孩子说："因为妈妈今天总在笑，所以那么美。"孩子是天下最纯粹的人，有一双纯净的眼睛，他能看到身边人是否快乐，尤其是妈妈的快乐足以影响孩子也成为一个快乐的人。

快乐是一种能力和智慧。《红楼梦》中刘姥姥连生计问题都没着落，但她每次进大观园都是一脸笑，把一张皱纹丛生的脸笑成了如花般灿烂。而林黛玉呢？天天过着衣食不愁的生活，却天天眉头紧锁，悲花愁月，哭哭啼啼。与吃喝都要发愁的刘姥姥相比，她的基本生存条件还是可以保障的。但是，为什么她没刘姥姥过得快乐呢？因为黛玉爱计较，思虑重。比如，在《红楼梦》里，黛玉和刘姥姥有一段与花有关的描写：周瑞家的给贾府的各位小姐送宫花，来到黛玉这里后，黛玉赌气说："我就知道，别人挑剩下的给我！"而刘姥姥呢？二进大观园的时候，头上被鸳鸯插满了菊花，却还自我解嘲说："我这头不知修的什么福气。"这就是两种处世态度——刘姥姥比黛玉开朗洒脱，因此刘姥姥过得更快乐；黛玉总是将心里的那点儿小疙瘩无限放大。当她得知宝玉另娶后，便哭哭啼啼、泪尽而亡。如果她的心态好，就不会让自己美丽的生命香消玉殒。

当然我们只是以黛玉举例，毕竟黛玉和宝玉之间的爱情观，不同的人有不同的看法。女人无论是为了爱情还是为了其他，都不要赔上自己的身家性命，更不能日日伤怀，只有快乐才是生存的基本。

有句话说得很好：情商是让他人快乐的能力，而智商则是让自己快乐的能力。

拥有漂亮的外表、理想的爱人固然很幸运，可是更重要的是，我们要明白人生的无常和缘分的难料。有能力给自己快乐，才会吸引到更好的人和事。我们的一生，会遭遇各种各样的事情，会沮丧、失望、悲伤，甚至抑郁。能够觉察和接纳这些情绪，然后让自己重新快乐起来，是一种重要的能力，也是一个人顶级的魅力。

在平时，我们会读一些书看一些报纸，在读书看报的时候经常会有这样一种感觉：就是当你读到快乐的片段，你自己心里也会非常开心；当你读到悲伤的片段，你自己也会跟着流泪；或者是当书里的人物之间有了感情的时候，你自己也会动情。这就说明，外界的事物可以与我们的情绪联系在一起。

所以，快乐的人，不但是能把握情绪让自己快乐的人，也是有格局的人，是让自己的快乐感染身边的人，也能有勇气和信心去面对生命中那些曲折和沟壑。

人最大的幸福应该是自己给的，尤其是女人。不用委屈着自己的心情。有格局的女人会爱自己，让自己不断处于快乐之中。她们会学着给自己制造快乐和幸福，学着去理解、去体谅，学着去遗忘一些不愉快的事，学着放弃纠缠于鸡毛蒜皮的小事，学着忍耐、淡然，学着忽视表面的不安，学着深信爱着的人。

经济独立+情感独立

女人为什么要独立？当然，理由有千千万万条，如经济独立能增强自己的自信心，有安全感，在家里有地位，不会失去自我；情感独立不会对没有爱的婚姻死缠烂打，不会因为错爱让自己痛苦不堪，不会在婚姻中“忍辱负重”……

现实中，很多女性不敢离开名存实亡的婚姻，不敢对自己的人生负责，多数缘于经济不能独立，情感不能独立。

所以，女人的格局的最终指向，就是要把自己修炼成经济和情感都独立的人。

在我的身边有好多明明可以“靠老公吃饭、靠家境吃饭、靠颜值吃饭”的女同胞，本来可以在家过着“相夫教子”的稳定生活，却偏偏要自己“找事情”，有的选择创业，有的选择去更高压力的职场工作，不再安心做“默默无闻的女人”。在我看来，这就是一种上进心，不甘心让自己只拥有“一亩三分地”，而是要拓宽自己的活动范围，拥有更多的可能性，不做经济上依附别人之人，在实现经济独立的同时收获情感独立。

女性经济独立的意义在于，当你偶尔带父母去一家高档餐厅吃饭，你无须在意菜单上面的价格；当你的父母生病时，你能带他们去最好的医院接受最佳的治疗；当隔壁邻居家的阿姨炫耀自己的儿子多么优秀的时候，你的父母也能够底气十足地说我女儿也不差；看到任何心爱的东西不用考虑任何人的阻扰。更大的意义还在于，努力的女人不会闲得无聊无事生非，也没有多余的时间在意别人。努力的结果还能形成一种积极的榜样力量给孩子以示范。最终靠着努力得到的是获得幸福生活的底气和信心。

一个独立的女人也能证明自己内心的强大、睿智和勤奋，她们往往更会得到男人的尊重与青睐。修炼增加智慧，智慧赢得财富，财富保证经济独立。

婚前，经济独立能使你获得一份有质量的爱情；婚后，经济独立能令你获得平等地位和丈夫的爱与尊重，以及一个长长久久的婚姻。

作为一个女人，我特别欣赏作家琼瑶说过的一句话："维持婚姻之道，千万别为金钱吵架，经济独立是很重要的。丈夫并不是该养你的人，是该爱你的人。"也许还有一部分女性认为，"嫁汉嫁汉，穿衣吃饭"，这是在以前。而在现实社会经济压力倍增的快节奏生活中，女性更应该成为一个自给自足，能够赚钱养自己的人。男人负责挣钱养家，女人负责貌美如花的前提是，自己有能力让自己貌美如花，而不是巴望着别人给钱。

女人的气度风韵和品位阅历本非生来就有，而是靠后天的培养，但这些培养都离不开经济基础和个人的努力程度。所以，不要再沉迷于"女人不需要那么拼"的虚幻中，女性也应该学着像男人一样努力挣钱，让自己过得好点儿，让家人过得更舒坦。

我在网上看到一句话说："好看的女孩子能轻松几年，会赚钱的女孩子可以过好一生。"其实表达的也是同样的道理：如果一个女人只是仗着自己的长相生活，那她的人生就会很局限，一旦容颜逝去，她就一无所有了。而真正懂得经营自己的女人，不管在任何条件下都能让自己过得幸福。

所以，有格局的女人能够把经济独立和情感独立这二者综合起来，既有赚钱的能力，也有充满力量的精神内涵，综合起来把自己变成优秀的女人，你自然会比别人过得好。

这么多年我从来没有停下过脚步，无论多么辛苦，都依然要有自己的事做，要有赚钱的能力，不是因为其他，而是因为，这样不但可以养活自己，并且让家人也能因为我的努力而过上好日子。

有独立的工作，你才会有自主的选择。一个人只有掌控了自己的财务与生活，才能掌控自己的命运。

现实生活中，女人在经济不独立时，往往变得懦弱卑怯，不仅在婚姻里失去尊严，在社会上更是毫无自信，又谈何情感独立呢？

女人挣钱不是责任，但却是尊严的一种体现。也许你的生活很富裕，不需要你出来工作，但是有工作，经济才能独立，经济独立才能有信心面对一切。

经济独立＋情感独立＝女人一辈子的金饭碗。

下篇

女人既要温柔岁月，也要惊艳时光

第三章
容颜，一个人的金字招牌

相由心生，对自己的容颜负责

所谓相由心生，从心理学的角度来说，每个人的面相都反映着其相对应的身体和心理的状态。比如，一个身体健康、身心愉悦的人，通常都天庭饱满、红光满面、神采奕奕。相反，一个身体有病，或者苦恼忧愁的人通常都愁云密布、眉头紧锁，多半是很难有顺心的事。自古也有流传，“眼大心大”“两腮没肉做事刻薄”“贼眉鼠眼心术不正”等，虽然不一定全符合，但充分说明一个观点，眼界即心界，而面相即为心相，相由心生就是这个道理。所以，有格局的人绝对不会让自己“丢面子”，会对自己的相貌负责。

五官是父母给的，眼大眼小，高鼻子还是阔腮我们都没有办法去改变，但神态面相是让人看着舒服，还是让人觉得不好，这却是自己能够把握的。就像香奈儿品牌创始人可可·香奈儿说的：“20 岁的面容是与生俱来的，30 岁的面容是生活塑造的，40 岁的面容是我们自己要塑造的。”你的脸就是你生活的样子，就算用再多的高科技美容产品和再高超的化妆技术，也难掩眼神里的落寞以及神色的黯淡，所以越是没有人爱的时候，越是要学会爱自己，千万不要使自己在生活的刁难下让美丽缴械投降。

英国诗人济慈曾说：“美是一种永恒的愉快。”人们通常认为，外表靓丽的女孩，获得成功的机会似乎看起来比平凡普通的女孩更多一些。只因大家都喜欢美的事物，更喜欢与美女合作。

女人更应该对自己的容貌负责，尤其是随着科技的日益发展，哪怕是天生五官缺陷的也能经过科学和医学的手段得到矫正变得漂亮，何况是没有什么缺陷的人，只需要由内而外地修养身心，达到身心合一，由内而外散发出让人舒服的气质，慢慢就能改变面相。

随着一个人自身素养的提高，到了一定的年龄，相貌就能够发生变化，体现一种内在的美，这是潜移默化的自我重塑，是知识、智慧和修养的化身。

从事美容行业这么多年，接触的客户很多，我们带给她们的不仅仅是外在的美，也会告诉她们内在美的重要性。以内养外，内外兼养才是我们追求的目标。

记得看过一期节目，记者采访歌手王菲时问她："请问你对岁月有什么看法呢？"

王菲说："滑倒太多次了。"

"是说你的事业坎坷吗？"

"我是说岁月在我脸上老滑倒，留不下痕迹。"

可见，懂得好好保养自己的女人更有底气，如王菲，能够自信而骄傲地说出，岁月在她身上留不下痕迹。看着她逆生长越来越有魅力，撕下了年龄的标签，抓住了灿烂的黄金时期，做最美的自己，可以说是人生赢家。

媒体人杨澜也讲过自己在英国的一段经历：

一次她面试失败以后，披头散发穿着睡衣裹着外套就去了咖啡厅，咖啡厅里人很多，她被安排坐在一位优雅的老太太面前，老太太没有看她一眼，写了一张便笺给她：洗手间在你左后方拐弯处。

她想起自己面试被拒的理由是穿着随意，愤慨于对方的以貌取人，此刻却发现原来自己的邋遢是对别人的不尊重。她说，25 年来母亲一直告诉她能力才是最重要的，而这位英国女士告诉她我们为什么要以貌取人。因为在他们的眼中，一个连自己容貌都很随意的人，又怎么可能期待她做事精致呢？

所以，相貌是递给别人的一张名片，让人有了好印象才能有后续的交往和合作。

我有一个特别好的朋友定居国外，回来和我小聚的时候说起女性保养和对于容貌的一些看法。她说，中国女人内敛，不像外国女人放得开，最大的差别就是羞于追求美。国外的女人即使 60 岁，依然会把自己打理得明艳照人。在美国，18 岁的姑娘就可以公开隆胸或整容的事实，可以大胆地追求美，而大多数中国女人对于自身的容貌毫不在乎，尤其是那些结了婚、上了年纪的女性，更是疏于对自己的保养和打扮。中国的女人一过 50 岁就自动把自己归在了“大妈”的行列，无论是身材还是相貌，都过早地放弃了美。另外，可能由于国情的原因，外国的女性更自信，活得也更从容，无论多忙都会抽出时间喝下午茶，手里推着婴儿车依然会流连在商场里选自己心仪的衣服饰品。她们用保养和修饰让自己过得舒心，以对抗岁月的侵蚀。

每个人的容貌都是凝固的表情，而表情是凝固的心情，所以有着怎样的心情就会有怎样的容貌。正如有的人常常有许多愁事，整天担心、焦虑、发愁，自然就会长成一张苦脸，也就是我们常说的愁眉苦脸。有的人因为经历过许多变故甚至灾难，所以对周围、他人以至整个世界充满不信任，眉宇间就会有许多警惕和恐惧，紧张和害怕，久而久之就长成了一张愁眉紧皱的脸。

对自己的容貌负责就是对自己的心负责。凡事不往坏处想，做积极向上的人，内心光明，外表就会越来越好看。

身体动起来，年龄停下来

世上有一条残酷的法则——再精致的容颜也敌不过岁月的摧残。但奇怪的是，有一些女人，任岁月流转，她们都以青春的姿态活着。岁月的攻击对她们似乎完全无用。生活中有没有"冻龄"美女呢？答案是肯定的。那些让人们刮目相看、年龄成谜的女子，不仅会保养皮肤，还爱运动。

女人要想让年龄停下来，就必须让身体动起来。运动与不运动，每天看起来没有什么区别，每月看起来差异也不明显，但每年看起来差距就一步步拉大了。以每 5 年为一个点，可以划分出身体和精神状态的巨大差距。以每 10 年为一个点，甚至衍生成一种人生对另一种人生不可企及的鸿沟。

运动起来的女人最美。美丽与漂亮是有区别的，一个女人是否美丽，不能全看脸蛋长得漂亮与否。真正的美丽，是一种光彩，是自然而然的流露，是一种扑面而来的感觉。运动的女人时时散发着美的气息。刘嘉玲在微博里说过一段话，非常有道理："一个女人老了的标志，绝非年龄，而是她不再爱美！保养是一种文化，是一种内涵，是一种幸福的能力，更是一种热爱生活的态度。"

在我看来，保养分两种：外养和内养。外养无非是学习优质的护肤理念，掌握穿衣搭配技巧；内养就是要让自己气血充盈、光彩焕发，除了饮食上要讲究营养均衡之外，运动是必不可少的。

20~30岁，青春无敌，运动能够留住青春，身体也完全能承受各种运动压力，往往会收到意想不到的效果。等到30岁出头的年龄，由于运动，身体底子好，免疫力有所下降的时候，依然能跟上较快的生活节奏。如果是40岁以后，人生走到这个阶段，大概已经生完了孩子，要么是工作上的核心，要么是家庭的核心，衰老现象会更加严重，并且全身皮肤松弛。这个时候，通过保养、运动，调整心肺功能，改善精神状态，说不定还能让你逆生长，出现身体年龄小于实际年龄的奇迹。

运动对美容最大的效益首先是加快新陈代谢，增强血液循环，使皮肤得到更多营养，增加吸氧与排汗的能力。同时，运动能提高血氧含量，使全身细胞获得更多的氧气和营养物质。其次，运动还能提高皮肤温度，有利于皮肤合成胶原纤维，促进皮肤细胞储存水分，防止皮肤干燥、起皱。长期坚持运动的人，比不参加运动的人皮肤密度大、结实、弹性好。脸部皱纹明显少，肤色好，是显得年轻的一大原因。最后，运动的人看起来会更加年轻，都说女人过了30岁就衰老得很快，确实是这样的，身体各方面的机能都会下降，皮肤会变得松弛，皱纹会越来越多，精神状态也会下降。但是经常锻炼的人会继续保持活力，再加上使用保养品和化妆品，对皮肤有更好的加持，也确实是由内而外的真实体现。

身体就是另一个自己，如果在日常生活中，无论吃喝拉撒睡都想到与身体互动，时刻保持开心、健康、充满爱，那么你的这个另一个自己也会默默回馈于你。她会让你看起来神采奕奕，走起路来步履轻松，这样身体就会朝着你意想不到的方向发展得越来越好。要让自己活在喜悦中，无论多忙多累，都要犒赏自己，吃一顿美餐，让身体动起来，享受属于自己的畅快通透感。

美好容颜，离不开好睡眠

俗话说“吃好睡好”，此话虽肤浅，寓意却相当深刻。一个人如果能做到吃好睡好，那么他已经体现出了一种身心都非常健康的状态。无论如何，觉要睡得好，你才能够发现人生有多美好。

亚特兰大临床睡眠中心的主任南希·克洛普博士认为：“如果你的睡眠受到限制，你的思路就会变得不清晰。你的反应能力会下降。简单点儿说，就是你的工作状态不在峰值。睡眠不足在很大程度上阻碍着你的智力水平，间接影响你的人生质量。”

我常对身边的客户和姐妹们说，天塌下来都不是大事，失眠或者无节制地熬夜才是大事。当我们熬夜后，最明显的表现就是：熊猫眼、大眼袋、无精打采、面如菜色……睡眠不佳在皮肤上的表现就是这么直接。

睡眠就像空气、阳光、水分一样，是人体不可或缺的“营养”。人生1/3的时间是在睡眠中度过的。充足和高质量的睡眠是人类所必需的，睡眠质量差可能会诱发多脏器疾病，严重威胁人类健康。美国的一项最新研究发现，睡得太多或太少都会增加发生糖尿病和心脏病的危险。所以，如果你的睡眠质量不高，千万不能忽视！

睡眠不足会破坏荷尔蒙的分泌水平，加快人体衰老，会降低人体代谢糖分的能力，促进饥饿激素的分泌，于是不管你在健身房花多少工夫，睡眠缺失都能让你持续长胖。有项最新研究发现，假后返工时差每多一小时——即便是周末比平常仅仅晚睡一小时，都会让你长胖的概率增加33%。

所以，有了好睡眠才有好容颜，才有好人生。

我有一个睡美容觉的小妙招儿，经过试验十分有效，就是睡前冥想。

当我们放下一天的工作与疲乏，洗漱完毕，安静躺在床上的时候，我们要给自己的大脑和心灵放空。轻轻呼出体内的浊气，从脚趾开始默念：放松，放松。当整个人的潜意识都处于放松的状态下，我们就会感觉外在的一切与我们无关，现在朝向的就是自己的内在。

人一旦向内观的时候，就会生出感恩。感恩家人，感恩工作，感恩孩子，然后带着这满满的爱意进入睡眠，连梦都会是美好的。

如果你刚和某人大吵一架，然后去吃饭，就算给你一席最丰盛的美食，你吃下去也会觉得索然无味。同样，在晚上入睡前，如果你心里装满了白天残留下来的愤怒、怨憎、不满等负面情绪，你这一夜的睡眠也将不得安宁，早上起来依然会感到很疲惫。

睡前冥想，是提高睡眠质量的切实保障。入睡前，只需冥想三个问题，就好像吃了安眠药，坚持两周，你能明显发现自己睡眠得到改善。

我是否原谅了那个对我不善的人？

把双手放在胸口上，轻轻合上双眼，回想一下，今天白天，是否有人得罪了你，在言行举止上冒犯了你，或者对你说了不好听的话。审查一下自己的心，有没有因为这个人的不善而生气，产生厌恶和怨恨。

我是否对帮助我的人表达了感恩？

把双手放在胸口上，轻轻合上双眼，回想一下，今天白天，是否有人给予过你支持、鼓励、安慰和帮助，即使是为你做了一件很小的事情，只对你说了一句温馨的话，你有没有去感谢他。

我是否正在为明天忧虑?

今天已经成为过去，明天还没有到来，此时此刻，不应挂虑，安守当下。审查一下自己的心，有没有挂念明天的工作和事务，有没有在设想，在勾画，在担心。

当我们学会了向内冥想，也是一种格局的提升和完善。我特别重视睡眠，晚上 10 点上床就寝，最迟不会超过 11 点，经常睡到自然醒，大约早晨 5 点半到 6 点半起床，这样就可以维持一整天精神饱满、头脑清醒的状态。当然，睡眠因人而异，有的人睡五六个小时就精神饱满，有的人睡八九个小时依然感觉不够。人的感觉是很精细的，差几个小时确实不是最重要的，你应该问问自己的身体：现在累不累，还很疲劳吗？起床眼睛看东西清不清楚，是不是要靠咖啡才能提神？回答完上述问题，你的睡眠是否充足，自己心里肯定是明白的。

当我们学会了高质量的睡眠，再有一个好心态，容颜肯定会有所改变。

经营自己好过经营别人

容颜是女人生活的晴雨表。好的容颜代表的是生活顺遂、内心平和，没有私心杂念和烦恼，也代表身心乐观积极，同时也是一个女人用心经营自己的结果呈现。

可可·香奈儿说过："女人这一生最大的事情就是要经营自己。"如果没有这个意识，那么随着青春流逝，很快就会贬值甚至被替代。所以，当别人都被外物所迷惑时，可可·香奈儿泰然自若地戴着精致的珍珠项链，叼着烟斗，设计着最漂亮的衣服。最终，她成为唯一。

都说女人是20多年的公主、一天的皇后、一辈子的保姆。女人这辈子真的不容易，结了婚的女人就更不容易，尤其是现在有不少女人除了上班挣钱，还要照顾一家老小，往往都是最后想到自己。女人要学会善待自己，因为除了你自己，没人会对你更好了。好好地经营自己就是对自己负责。

身体是一切的本钱，懂得投资自己的女性无论多忙，都会抽出一定的时间和精力来锻炼身体，管理身材。同时，也把保养自己当作一件大事，会呵护皮肤，按时吃饭睡觉，健康地生活。而且，每天出现在人们面前的她，总是有着合适的妆容和得体的衣着，给人以优雅精致的感觉。这样的女性，往往更经得起时间的雕琢和考验。

有一位女性朋友，从小她父亲就告诉她，要学会经营自己，不要依附别人。就这样，她学会了如何打高尔夫，如何品鉴美酒；她学会了温柔聆听；她学会了表达自己的意见；她学会了摄影；她学会了舞蹈；她学会了让自己高贵美丽；她学会了经营自己的事业，开了一家女性密语女子保鲜馆，名利双收。她不取悦谁，不讨好谁，过得随性又自由。

对于女性而言，美丽与魅力，那是她们自信的源泉。如何能随着岁月的增长，不会变得衰老、乏味，而是魅力不断增加，美丽不断升级，由内而外，不断积蓄。

有格局的女人，懂得经营好自己，她经得住苟且的现实，也去得起诗意的远方。因为经济独立，所以不会被小恩小惠收买；因为思想独立，所以不会因为感动而心动——无论何时何地，女人都需要有一种“口红我自己会买，你给我爱情就好”的底气。

当一个女人开始经营自己，就意味着她开始以一种更加高贵的姿态和身边的人相处，而不是委曲求全地去一味迎合和经营别人。

比如，夫妻之间的相处，如果总是以对方的感受为先，明明自己想买一件风衣，但因为对方说不喜欢就默默放弃了。越是亲密的关系，就越要照顾自己的感受而不是总迎合别人。这个世界，爱自己才是真理。没有谁会一直照顾你的感受，除了自己。尤其是女人结了婚之后不要总是以家、伺候老公、照顾孩子为由就忽略了自己的需求。爱是相互的，在和自己在乎的人相处时，更不能失去自我。要敢于表达自己，重视自己的感受，婚姻才能更幸福，家庭才会更和睦。

我身边有一个真实的案例：

小丽 20 岁时便认识了现在的丈夫，观念传统的她，一心认定这个男人就是她命中注定的缘分。或许正因为持有这种观念，从那时起，小丽便无微不至地照顾这个男人，甚至对其百依百顺。她觉得，这就是她爱他的表现。感念于小丽的痴情，男人在他们交往5年后，终于同意和她结婚。嫁给自己所爱的男人，是小丽做梦都想的事，所以，刚结婚，她就表现出了勤快的一面，每天早早起来为男人全家做饭、洗衣服、打扫房间。在结婚后的每一天里，小丽都无微不至地照顾这个家，甚至连自己的薪水都全部上交给丈夫保管，因为她自己并没有什么理财的概念，丈夫只要一开口，她就满心欢喜地照着他的话去做了。

就这样，3年后，小丽生了儿子。她原本以为，有了孩子之后，家庭会变得更加美满幸福，却不想，就在孩子刚刚满周岁时，她发现了丈夫出轨的迹象。小丽死也不相信，已相处9年的丈夫，会做出这种背叛她的事。然而，就在小丽还心存幻想的时候，丈夫却主动承认了这件事，并告诉小丽，如果她不想离婚，就当作什么事也没发生，也不要过问，为了孩子，自己也不会主动提出离婚。小丽经受不住这样的打击，只得频频对闺密哭诉负心汉的凉薄。然而，数次之后，闺密却再也不愿和她出来，听她诉苦。电话里，闺密言辞犀利地对她说："你看看自己现在的样子，整天邋里邋遢！心情不好可以自己出去旅行，可以去找最有名的餐厅吃饭，还可以在网上租个帅哥聊天，可你整天只是缠着我诉苦，活像个祥林嫂。"临挂电话前，闺密还恶狠狠地补充了一句："我要是男人，也会受不了你！"

女人不爱自己，不但得不到男人的体谅，甚至也不被那些爱自己的女人理解，这是"奉献型"女性的悲哀。我们身边有很多这样"不爱自己"的女人。女人在家勤勤恳恳、掏心掏肺，一心为了男人，可对方不但不领情，反而责怪女人不解风情，后悔自己活脱脱像娶了个保姆回家。

所以，爱自己的前提是要先让自己本身安全起来。如果我自己本身不安全，就没有办法去爱别人。如果我自己有自尊心、自信心，有自我价值感，就不怕被伤害，就能更多地去爱别人。我爱别人的时候，别人就会爱回来，从恶性循环变成良性互动。

爱一个人最好的方式是经营好自己，给丈夫一个优质的爱人，给孩子一个优质的母亲。女人必须知道自己要什么，才不会在烦琐的家庭生活中迷失自己。因而，经营好自己是每个女人一生要认真对待的事。

容颜易老，优雅却不会

法国总统马克龙年轻英俊、风度翩翩，却娶了比他大24岁的布丽吉特。根据这段浪漫的法国姻缘，网上流传了一个给女同胞们的启示段子：39岁的总统，63岁的总统夫人，亲爱的女同胞们，好好保养自己，好好工作，有一个好心态！彩妆好好化，身材好好保养，因为没准儿你未来的老公还在读幼儿园……

这不仅是段子，也是事实。中国有句至理名言：年岁有加，并非垂老，理想丢弃，方堕暮年。在我看来，女人的理想就是好好爱自己，别让岁月这把杀猪刀过早地把自己切割得支离破碎，还没到该老的年龄，就让自己老态尽显。哪怕对抗不了岁月的飞逝，也要让自己活出优雅。

美，是一场长跑。它不属于一个人的某个年龄阶段，而是整个人生。20岁活青春，30岁活韵味，40岁活智慧，50岁活坦然，60岁活轻松，七八十岁就成无价之宝。只有一生美丽优雅，才能对抗岁月和时光，活出自己，活出从容。内心永远年轻、不断追求并敢于突破自我的人，怎会老去？岁月可以夺走青春、金钱、地位甚至健康，却夺不走一个人沁入骨髓的优雅气度。所以，不要向岁月低头，也别轻易说“老”。即使你已经度过了自己的20岁、30岁、40岁，那都没关系，人生从没有太晚的开始。

一个法国男人和他老婆开玩笑：希望你到80岁还有人追求，不是82

岁的老头追你，而是28岁的帅哥。法国的浪漫基因让法国男人敢开这样的玩笑，也让法国女人活到老，优雅到老。哪怕是70岁的法国女人，也很少看到她们不施粉黛就上街，她们依然会衣着光鲜、妆容精致地踩着高跟鞋走出女王气场。

在很多人看来，女人到了一定年龄，就会自然而然地被认为变成一个宽衣大袖，没胸没长腿、腰比屁股大，要么在菜市场讨价还价，要么加入广场舞大队，地地道道的“中国大妈”，哪怕这样的大妈只有40岁出头、50岁开外，俨然已经变成了“理想丢弃，已堕暮年”。

所以，比肌肤衰老更可怕的是心灵的衰老，一句话，凡是过早呈现“老态”的人，都属于不敢美丽、不愿意美丽，甘愿对生活俯首听命的人，在浑然不觉中就让自己变成了生活的“牺牲品”。

作为一个女人，一定要明白，美，是人生的一种态度，如果常与美相伴，活着不但会收获更多的快乐、自信，甚至命运也会因为美丽而改变，有了更多的好人缘，甚至决定一生事业是否成功，婚姻是否幸福美满。

自从接触了与美有关的事业，我希望每一个女子都有“好”生活、“好”容颜，希望她们每个人都像“下里巴人”说的那样：活得有钱而随意！“阳春白雪”的说法，就是活得高品质而随性。有独立的经济基础和情感归宿，也有诗和远方。

做一个精致的女人，并不仅仅是女为悦己者容，也应该是女为悦己者容。每天装扮好自己，戴上心爱的首饰，喷上喜欢的香水，无形中就会散发出一种自信的气场。25岁之前的容貌是爹妈给的，但25岁以后的容貌就要靠自己后天修炼了。

老是每个人唯一的方向，而衰老是放弃，放弃自己体面地生存于这个世界的权利。我见过太多女性，她们心里是知道道理的，但还是每天松垮地出门，安慰自己是追求舒适，走路歪歪斜斜，明明血色欠佳却以素颜为傲，头发扁塌塌，双目无光，语言平淡，这一切她又找到了借口——不活在他人的评价里。这样一来，与“优雅”就相差太远了。

当美丽成为生活的常态，才能在时光流逝中更加从容不迫。希望爱美的你，希望变美的你，跟着我踏上寻美的旅程，爱美丽，爱生活，最终学会爱自己。

优雅是一种感觉，这感觉来自丰富的内心、智慧还有爱的结合。一个优雅的女人，既善良又大度，既能善解人意又对时尚有着特别的审美眼光，懂得穿着打扮，懂得心灵与外在的协调。

当然，优雅不是短时间养成的，需要文化和教养长期的积累和沉淀，一旦养成，优雅必将成为一种在举手投足间散发出来的自然而然的气质，这样的女人会更成熟、温柔、美丽，令人心旷神怡。

婚后也不当“黄脸婆”

“黄脸婆”之前是用来形容岁数比较大的女性朋友，可现在已经成为已婚妇女的代名词了。因为女子在结婚之前会比较注意自己的形象，在各方面都会注意，特别是相貌身材方面。结婚之后，女性朋友之前紧绷的那根弦突然一下就放松了，觉得可以放纵了，对于饮食、生活习惯都不太注意，特别是在生完孩子以后，加上体内激素水平的变化，没有及时调理，就会出现早衰现象。

我经常对我身边的女同胞们说，“黄脸婆”不应该是婚后女人的代名词。当然，并不是说女人一定得化妆才美，而是希望无论是婚前婚后，女人都要对自己的外表负责，保持应有的整洁度，穿戴整齐，尽量保持美观，不为悦己者容，而要为自己去梳妆。

有句调侃的话说，很多女人家里的地板、锅盖擦得比自己的脸还要亮，可是我们知道没有一个丈夫会去亲吻地板和锅盖。毫不夸张地说，女人的形象是丈夫和孩子的脸面。

我听过这样一个小故事：有一位妈妈去幼儿园接她的孩子，因为素面朝天，孩子居然说她是家里的保姆；同样的一位妈妈，身材和容貌保养得都非常好，每次去幼儿园接孩子，人们都以为是姐姐。可见，以貌取人不是一句空话，是世俗的强大。

日本、韩国的女人很注重形体和胸部护理，因为她们深知一个女人生完孩子以后，脖子以下就没办法看了；一个成功的形象不一定会让你很成功，但一个失败的形象一定会让你很失败；好的形象是女人一张永远的名片！

假设一些不用上班或在家里工作的女性，穿着随便、马虎，衣服抓到哪件穿哪件，或者干脆整天就穿着睡衣。家里也很久没有整理过，东西到处乱放，冰箱里的食物发出怪味也没有清理。可想而知，丈夫看到这样的场景会作何感想。即使不为了迎合或在意别人的看法，穿着得体，把自己整理得精致利落，这也是一种修养与对自己的尊重。

很多女性可能除了结婚那天以外，就再也没有化过妆，其实，恰到好处地修饰一下自己的容貌，不但可以让自己看起来精神、漂亮，还可以让你的丈夫更爱你。女人的容貌是很容易被岁月消损的，只有很少的女人才懂得如何珍视自己的容貌，她们对自己的外表绝对不马虎，永远是光鲜、精致、优雅地出现在别人面前。

别说你结了婚，生了娃，就算你到了头发花白、满脸皱纹的年纪，你也可以有属于你自己的美感，因为，爱美是女人一生的事业。

见过太多结了婚的女人，婚后把自己完全奉献给了家庭，脸色蜡黄，头发枯燥，身材走样，只能看着自己当年的婚纱照，无奈地说一句："看，我当年多好看啊。"也见过很多结婚多年、40 岁以上的女人，虽然没有了当年的清纯美感，眉眼间却多了股深邃，浑身散发着成熟的魅力。

所以，结婚也好，生娃也好，年龄增加也好，这些根本不是夺走女人美丽的凶手；而是大多数女人在结了婚后，放弃了爱美的心气。我们要敢于对生活宣言：和黄脸婆说拜拜。

有一种爱叫富养自己

有一类女人，特别富有自我奉献和牺牲精神。尤其是当了妈妈以后，有的为了照顾孩子，舍弃了原本非常不错的工作，变成了全职太太；有的为了给孩子买一件名牌衣服或一双鞋子，自己宁愿买地摊货；有的为了给孩子报一个课外学习班，自己宁可放弃一套护肤品。可能大家会说，哪个妈妈不是这样的呢？在我看来，还真不是。这样的妈妈和这样的牺牲精神不值得提倡。尤其是有些妈妈奉献得心不甘情不愿，如果孩子没有按照自己的预期成长，就会对孩子抱怨说：我不上班都是为了你，你咋不争气呢？我省吃俭用还不是为了让你生活得更好，你怎么能这么回报我呢？

我相信，说这话的妈妈大有人在。我心疼这些妈妈的过度牺牲和失去自我。为什么有了孩子一定要以自己放弃工作为代价？为什么给孩子吃好穿好而委屈自己？这样的做法，就是不爱自己。一个不爱自己的人，怎么可能推己及人，去爱别人呢？

前段时间在网上看到一个特别滑稽的新闻，男人嫌弃妻子太节约，不买新衣服，不爱打扮自己，竟然提出了离婚。勤俭持家不是一直被奉为检验贤妻良母的标准吗？这样的女人自己省吃俭用，舍不得给自己买贵一点儿的衣服和化妆品，却舍得给丈夫和孩子买；每天面对柴米油盐的琐碎，完全没有了自己的生活，直到把自己熬成了一个黄脸婆，换来的却是丈夫的嫌弃，甚至是出轨被离婚……可悲吧？自己辛辛苦苦付出了那么多，失去的不只是老公，还有从前那个美丽的自己。如果连你自己都不懂得心疼自己的话，还指望着别人会心疼你吗？

所以，女人，无论什么时候都需要爱自己，要学会富养自己。

作家张小娴说过："不管你爱过多少人，不管你爱得多么痛苦或快乐，最后，你不是学会了怎样去恋爱，而是学会了怎样爱自己。"

女人无论知识多么渊博，最好的知识就是学会爱自己。

我经常问身边的女性朋友，什么时候感觉自己最美，答案有很多种。在我看来，都能归结到：她们的美都是来自爱自己，悦纳自己。就如同英国哲学家伯特兰·罗素说的："美好人生中，爱和知识是必需的。在某种程度上爱更为重要。爱将激励我们去寻求知识，从而更清楚地知道如何使我们所爱的人获益。"

爱自己，不仅仅是让自己外表美起来，更多的是一种内心的自我取悦，自我接纳。当你真正过得快乐，你身边的人也分享了你的快乐，你给予家人和这个世界的反而会更多。

英国作家王尔德说过："爱自己是一场终生恋情的开始。"每一个女人都要和自己谈一场终生的恋爱，先爱自己再爱别人。

只有爱自己，才能更从容、优雅、自信。不论是初出职场青涩未退的少女，还是守护家庭相夫教子的孩儿妈，热爱自我、自信优雅的女人就像一束光，当别人靠近她就是接近光，就会被温暖被照亮，带着一种可以感染别人的正能量，所以爱自己，才能成为优雅自信的女人。

女人"30+"，才是一枝花

有句话说，最不能问女人两个问题：一是年龄，二依然是年龄。很多过了30岁的女性会觉得自己"老了"。以前曾有一句特别不靠谱的话还说，"男人四十一枝花，女人四十豆腐渣"。

可见年龄对于一个女人来说很重要。随着"奔三""奔四"开足马力向前的时候，往往在渐长的年龄上变得不自信。我想说，随着经济发展，女性意识在提高，很多女性已经实现了经济独立和情感独立，即使到了50岁也可以美成一枝花，无惧年龄。

不可否认，从生理上来讲，30岁之后人是开始走向衰败的，无论男女，但女性在外貌上表现更明显。而这个阶段又是大家在兼顾工作和家庭的时候，许多人的身体会开始传递不好的信号。但我观察身边的人发现，30岁之后女人会向两个方向分化：一部分日渐枯黄，渐成大妈，这是大部分；一部分反而气质越来越佳，越发美丽动人。我认识不少优秀女性都是后者。她们一般在30～40岁，工作已经渐入佳境，内心非常稳定，举止言谈充满魅力。

前者变老是因为心态老了，后者越活越丰盈是整个精神状态年轻。一个女人魅力的养成不在于是待在家里相夫教子，还是做一个职业女性在职场打拼。而在于，无论干什么，都可以让自己学会管理自己，管理家庭和生活，在这个过程当中你才会变得更加美丽。比如，懂得饮食健康，坚持规律的作息和运动，提升内涵等。

英国作家王尔德说："我们都生活在沟渠里，却有人仰望星空。"对于年龄渐长的女人来讲，似乎美丽已经盛开到尽头快要凋谢，已经忘记年轻时候仰望星空看到的闪闪发光的梦想，只能无谓而麻木地在人生昏暗的沟渠里挣扎。

事实上，变老并不可怕，可怕的是日复一日地变老，不愿意出门看看，不肯作出改变，不接受新鲜事物。

真正让女人保持魅力的，并不是年龄，也不是美貌，而是成长；岁月给我们最好的礼物，就是魅力，并且在每一个年龄段，岁月都会赠予我们一份珍贵的礼物，有心的人自然会收到。

我非常欣赏一个美丽女子，她 92 岁的年龄，却有着 9 岁孩子的活泼，有着 19 岁女子的曼妙，还有着 29 岁女子的丰韵，她的美丽就是源于一颗有爱且不惧年龄的芳心。她就是李淑范。

李淑范，原名伊利娜·亚克利夫娜·契尔特柯娃，是一名地地道道的俄罗斯姑娘。1949 年，这个名叫伊利娜的姑娘与前往苏联留学的中国小伙一见钟情，于 1950 年嫁给一个中国人，随夫到了中国，并改中文名为李淑范，取"贤淑模范"之意。

婚后的日子自然甜蜜，可是好景不长，丈夫被扣上了"苏修特务"的帽子，他劝李淑范回自己的国家。李淑范却坚定地说："我若回去了会留下一生的遗憾，我们生也要在一起，死也要在一起。"

李淑范和丈夫一起面对生活的挫折，即便日子再艰难她也从未想过放弃，并教育自己的孩子要“少说话多做好事”，用自己的坚强乐观守住了来之不易的爱情，也撑起了整个家。

历经中国半个多世纪的风雨，老太太不改俄罗斯姑娘爱美、热情奔放的天性，年过九旬，只要出门，一定会擦口红、修剪眉毛。爱美的女人总是会老得慢些。

童心未泯的人很会调节心态，让自己像儿时一样快快乐乐地生活。李淑范就是这样，她的床头堆满玩具娃娃，像小女孩一样有说有笑，爱唱爱跳。

“我不喜欢被喊老奶奶，一起玩的伙伴都喊我大姐……”尽管已是92岁高龄，但李淑范的言谈中依然透出小孩子的调皮。

俄罗斯民族能歌善舞，李淑范也特别喜欢唱唱跳跳。退休后的她，将自己的大部分精力都投入表演。人有自己的爱好，并将它做到极致，也就不平凡了。

李淑范跳舞还跳出了不少成绩，在老有所乐的同时也老有所获。她不仅获得了武汉市中老年模特大赛一等奖，还将自己的歌舞跳上了央视大舞台，获得《夕阳红》健康老人电视大赛亚军。在2010年时，她走出内地，奔赴中国特区——香港，演绎的歌伴舞《红莓花儿开》，一举获得世界华人文化艺术联合会颁发的两项大金奖。

看了这样美丽女性的故事，我们还敢说自己30岁就老了，40岁就走下坡路了吗？

岁月给予一个人的时间很短，长不过百余年。然而，会利用时间的人，又可以把年龄无限延长。我们每个人都可以在30～60岁，把自己的触角伸向各个角落，看看世界，多多阅人，让年龄带着我们见世面，增长见识，才能筛选出最珍贵的友谊和最适合自己的生活。内心丰盈的女性应该是：不把希望寄托在别人身上，有自己的精神家园，过属于自己的快乐精神生活。

作家村上春树曾说：人不是慢慢变老的，而是一瞬间变老的。人变老，不是从第一道皱纹、第一根白发开始的，而是从放弃自己那一刻开始的。只有对自己不放弃的人，才能活成不怕老、不会老的人。我补充一句，人变老是从自己惧怕年龄那一刻开始的。

我看到一些西方的女性总是读《圣经》，我们中国的女性也读一些佛经及传统文化，我猜想，接触宗教或许对女人有一种内在保养作用。我想思考也是一种积极的保养吧，女人不能停止思考，女人一旦不用脑子，眼睛就失去了光泽，身体就开始长出赘肉，就开始臃肿，年龄也似乎成了问题。

三四十岁的女性，事业进取的欲望，外表的风情万种，内心的成熟淡定，外在的自信气质，有青春，有自信，有欲望，有梦想，有爱，有张扬的热情、精力、活力、魅力，年龄算个什么呢？

照顾他的情绪。而第二种回应，有可能像一盆凉水把丈夫刚刚燃起的快乐之火浇灭，不但不会认为妻子可爱，还会觉得她有些可恨。

在我看来，会说话的人就是情商高的人，所谓情商高的人，并不是故意去迎合对方，而是他们更懂得如何在意对方的感受，让对方“觉得舒服”。

格局越高的人，越懂得尊重别人，他们更懂得尊重中包含的平等、价值、人格和修养的意义。

好好说话也是情商高的表现，一个会说话的人，无论情绪怎样、压力多大，都会懂得心平气和地说话；而情商低的人，容易被情绪控制，从而口不择言，话一说出口，便暴露了弱点。

我们看看会说话与不会说话造成的不同场景：

一位妻子在家等工作晚归的丈夫。到了晚上8点多丈夫还没有回来，她打电话给丈夫，但丈夫没有接听或者关机，她就非常担心丈夫的安全，担心是不是有什么事情，也引发了她长期以来的另一个担心，担心自己的丈夫会在外面有别的女人而离开自己。一直等到快要晚上12点丈夫才回来。

沟通一：

妻子：（大声又急切地）你还知道回来啊？我看你是不想要这个家了。

丈夫：（不耐烦地）你就知道啰唆，没看到我每天辛苦应酬吗？要不能换来你这样衣食无忧啊？

想一下接下来会怎样？如果妻子依然不会说话，可能就会抱怨自己带孩子辛苦，操持家务烦累，抱怨丈夫不理解自己……换来的是丈夫更多的不体谅，甚至厌烦。因为妻子在沟通上没有让丈夫听着顺耳和舒服。

沟通二：

老婆：老公，累坏了吧，这么晚回来，我都担心死了，你知道吗？我打你电话没有联系到你，我心神不宁，生怕你有事（委屈欲哭状）。

老公：没事没事哈，我手机没电了。因为有些事情加班处理，晚了。对不起啊（有点内疚）。

老婆：你不回来，孩子又早早睡了，临睡还嘴里念叨着没跟爸爸说晚安呢。我和孩子都惦记呢，这么优秀的老公被别人惦记上就天也塌了（有技巧试探性的）。

老公：怎么会呢？有这么爱吃醋的老婆，我哪儿敢呢。就想着多工作多挣钱，给你娘俩儿花呢（走过来抱抱老婆）。

不用想，接下来的场景肯定很温馨，妻子先用理解的言语让丈夫听着顺耳又舒服，然后觉得孩子和妻子在家等他，男子汉的自豪感油然而生，怎么能不爱这个家呢？

两个不同的沟通场景，第二个就比第一个有进步，并且沟通双方很有智慧和技巧。既表达了自己的内心情绪，传达给对方的又是爱和在意。

夫妻之间的矛盾，小到一次争吵伤了和气，大到离婚反目成仇，其实，究其根源皆因不会好好说话。你的来言若是良善好听，对方的去语一定也会良善好听；反之，你出口带着火药味儿，对方回应的一定也是尖酸刻薄的。

生活中挑起吵架气氛的，又最终吵到伤心伤情的，往往都是女人自己。那种主动跟女人吵架的男人其实是少之又少的，大部分男人情愿用沉默表示反抗，或是离开表示退让。可关键是女人会把男人的这种态度看成更严重的挑衅，或许是没人陪着吵架了，心却开始疯了，结果是更夸张的事态随之发生，让两个人都后悔莫及。

有格局的女人知道什么场合说什么话，能够照顾别人的情绪，而不是为了发泄自己心中的不满去拱火。即使自己有情绪也会在说话的时候想几分钟再出口。会说话，是一个人的优秀品质，而这种品质关乎人品和处世方法。台湾主持人蔡康永说："你越会说话，别人听着越舒服和快乐。别人越快乐，就会越喜欢你。别人越喜欢你，你得到的帮助就越多，你就会越快乐。"

无论是在工作上还是生活中，会好好说话和有话能好好说都是一种修养和品质，即便我们因为年轻或是固执很难做到如此，至少也应该在这样那样的困惑伤感里早早明白，任何一种生活方式和情感相处都需要慢慢经营并且走向强大，或许是自己的受益，抑或是两个人的幸福。

好性格，最终收获好人生

一个人性格的好与坏在很大程度上对其事业成功与否、家庭生活幸福与否、人际关系良好与否起了决定性的作用。对于一个女人来说，好性格意味着在拥有好的人际关系的同时，还能收获家庭幸福，并且是成功路上的通行证。

甚至有一个夸张的说法：女人的性格比脸重要。

《红楼梦》里才貌双全的林黛玉，就是因其性格多愁善感、忧郁猜疑，最终积郁成疾，呕血而死。《三国演义》里的周瑜是东吴的大都督，如果身经百战的周瑜具有良好的性格，诸葛亮就是有天大的本事也气不死他。

在我身边就有一个性格不好导致自己嫁不出去的女孩。因为她的性格不好，别人总形容她的嘴太毒了，经常能让人下不来台。她和前男友去西餐厅吃饭，男友不太会用刀叉，切牛排的时候盘子嘎吱响，有些刺耳，她皱着眉头说："你父母没教你吗？你这家教太不好了。你看，周围的人都看我们呢。"语气像是大人训斥小孩，表情很严肃，这令男人感觉特别没面子，好气氛全没了。这样的例子多了，只要男朋友穿的袜子和鞋子不搭就会被她认为没品位而数落一顿！最后，男人无法忍受她这张犀利的嘴和她分手了。因为男人不知道自己哪个不小心的行为就会引来她的不满和训斥。好朋友好心劝她要给男朋友面子，不然谁都会受不了她。

她却说："在最亲近的男人面前我干吗要装？我在工作中对客户对老板已经装得够累了，我不想在感情上也那么累。"是的，如果能在最爱的人面前放松，而且这个人能包容你的缺点，甚至把你的缺点当成特点，这当然是无比幸运的。但是，没几个人能这么幸运。更多的人还得经营着爱情和婚姻，得谨小慎微，得用尽心思。什么话该说，什么话不该说，有些话该怎么说，都得过脑子花心思。其实，在最亲近的人面前，我们更应该在乎自己哪些该说哪些不该说。比如，你不能动不动就说"分手"和"离婚"的话，动不动就挑剔别人的"短处"，甚至不顾场合和颜面，这样就会造成伤害。"性格好"，直白地讲就是让人觉得跟你相处愉快。你乐观，爱说爱笑，你满满正能量，你带给人欢乐，你在乎他人感受，你让人觉得轻松，你让人喜欢你，这就是性格好。

我经常和身边的姐妹们说：想要身体好，就要"没心没肺"！做一个"没心没肺"的人，你就会有好身体。

所以，我们每个人都要去追求一种快乐的状态。也许有人说了，快乐哪有那么简单，成天面对一堆忙不完的工作，还要照顾家庭，上有老下有小中间有自己。事实上，越是在这样的生活中，越要让自己保持一颗快乐的心。自己快乐才能影响别人和感染别人。尤其是当了妈妈的人，每天要给孩子树立榜样，如果性格不好，嘴上不饶人，孩子也会模仿。孩子是天下最纯粹的人，有一双纯净的眼睛，他能看到身边人是否快乐，尤其是妈妈的好性格足以影响孩子成为一个能掌控情绪的人。

自我提升才能无惧岁月

人生格局有多大，不是一出生就注定了的，而是随着后天经历的不断丰富逐步变大的。这其中的一个关键因素，就是自我提升。因为有了提升和成长的决心，对于执着坚持的梦想，我们才不会轻易放弃。同时对于那些自己不是特别感兴趣但又必须完成的事情，凭借着成长的决心的支撑和约束，也能够隐忍着咬牙坚持做下来。这其中的种种收获数不胜数，它们会填充在我们的人生格局中，令其闪烁出耀眼的光芒。一个人提升的途径主要有两种，先有健康的体魄，再有智慧的头脑。前者需要运动和锻炼身体，后者需要活跃思维。

学习与运动，前者活跃思维，后者活跃筋骨。做与不做，短期内区别不大，但日积月累，终成天壤之别。女人提升自我，首先需要有一个能够带给自己经济来源的工作，之后就是学习和运动，让头脑和身体都日渐丰盈。

活到老学到老，这是一个人人皆知且亘古不变的道理。多保养、多读书、多运动、多参加一些技能培训让自己专业能力得到提升，让自己变得更有内涵，无论从事何种职业，无论遇到什么样的人，都可以应对自如。

所谓“岁月从不败美人”，说的大抵就是保养、工作、学习、运动都样样不放弃的这种学无止境、芳华自现的女人。

比如，中专毕业的赵丽颖，不是科班出身，却凭着自己的钻研，磨炼出一流的演技，成为一众小花里的热门实力派女演员。

比如，长相并不倾城的普莉希拉，之所以能够吸引脸书（Facebook）创始人扎克伯格，能够一边生孩子一边做慈善，还不耽误工作，凭借的更是自己超高的智慧与学识，作为哈佛大学医学院的超级学霸，早早就收到了扎克伯格的崇拜和爱慕。

比如，遭遇事业瓶颈期的董卿，留美深造，归国后主持《朗读者》展露出自己深厚的文学底蕴，广受好评，再创事业佳绩。

这些女人都是既有工作能力，又不忘初心，不断学习提升自己的人。这世上没有人能随随便便成功，世界总是在偷偷奖励自我提升的人。

自我提升的人，可以不为自己未曾努力而后悔。其实我们都知道，世界上是没有后悔药可以吃的，但每个人都有着后悔的事情，却只能安慰自己："其实我本可以……哎算了……"

美剧《丑女贝蒂》中的女主角贝蒂就是一个懂得自我提升的女人。相貌有点儿丑的贝蒂，凭着勇敢与执着进入了时尚界的权威杂志《风云》，给老板的儿子丹尼尔当助理。贝蒂是个工作勤奋的好姑娘，丹尼尔却是个花花公子与麻烦精。丹尼尔捅出的很多娄子、惹出的不少麻烦，都是贝蒂为他承担了责任，解决了问题。在这个过程中，贝蒂的工作能力也得到了极大的锻炼。后来，贝蒂工作越做越好，也能够越来越多地接触时尚界。她便给自己制订了一个新的人生计划，给自己的职业定了目标和期许。这之后，贝蒂便开始积极学习。她通过旅行增长见识，并更加努力地工作，从而达成梦想。尽管这中间她也遇到了很多困难与挫折，但凭着自己的努力，最后都一一破解了。故事的最后，贝蒂实现了她的梦想，成了一位出色的时尚杂志编辑。贝蒂这只丑小鸭实现了蜕变，尽管在某些人眼中，她的外表依旧不算美艳，身材也无法与那些窈窕淑女相比，但作为一名职业女性，贝蒂身上闪烁着美丽的光芒。这是她通过努力得到的结果，自我提升永远是一个付出就有回报的事情。这样的贝蒂，在我们看来，具有很大的人生格局，浑身散发着夺目的光芒。

每一个人的活法都不同。下班后吃完晚饭，选择躺在沙发上吃零食看电视剧，这是一种活法；选择去健身房跑步、举铁挥汗如雨，也是一种活法，一个人如何选择决定了不同的结局。

我认为，付出不一定有回报，努力不一定有收获，但学习知识和锻炼身体除外。这世界上有很多事是不公平的，但是学习和运动，却是两件最公平的事情。只有学习的知识和健身的成果是时间看得见的，是你自己完完全全可以预见的进步，不受到任何客观因素的干扰。

当我们由于学习使头脑和思维活跃，由于运动让身体活跃，我们就会把“岁月不饶人”乐观又自信地说成“我也不曾饶过岁月”。

以德报怨是一个人的思想境界

人有上、中、下三品，划分的标准不是财富地位，而是心胸格局和思想境界。下等人恩将仇报，中等人恩怨分明，上等人以德报怨。

生活中，难免遭遇这些状况。比如，被别人利用、中伤、欺骗，甚至是侮辱和诋毁。这时，我们心中会燃起熊熊怒火，恨不能立即抓起那个人，与之决斗！然而，这种行为并不理智。虽然我们知道以德报怨是一种理想化境界，大部分人并不能够做到，但真正修炼一种格局，需要向“以德报怨”这种思想境界靠拢。因为，原谅了别人就等于给自己拓开了更宽的路。

我们看一个这方面的案例：

保尔是戴维的好友，一天，他在戴维的电脑上做了手脚，使戴维一下子损失了几十万美元。戴维怒不可遏，委托律师将保尔告上了法庭。最后虽然保尔被关进了牢房，戴维还是觉得难解心头之恨。

几年后，保尔出狱，他内心依然愧疚，觉得对不起戴维，几次打电话向戴维道歉。但戴维一听是保尔的声音，不容分说立刻将电话挂断。

戴维的妻子知道后，多次劝他应该宽宏大量，何况保尔是电脑领域的专家，对他的生意很有帮助。戴维几经思考，觉得妻子说得很有道理，可是每次拿起电话，那几十万美元的损失就浮现在脑海中，于是又放下电话。在好长一段时间里，戴维总是处于这种矛盾中，一会儿觉得应该原谅保尔，一会儿又觉得不能原谅伤害过自己的人。直到一位心理医生告诉他：“你形成了一种心理障碍，这种障碍不仅会妨碍你与保尔之间的关系，也会妨碍你与他人的交往，必须积极地清除它。”听了这些话，戴维终于鼓起勇气给保尔打了一个电话，约他第二天到办公室见面。第二天，他们谈得很顺利，戴维还决定再次聘用保尔，他对保尔说：“我相信你不会再次辜负我。”保尔非常感激，从此以后死心塌地地为戴维工作。

以宽容相待，不但可以令我们从怒火和恨意中解脱出来，或许还能使那些起初对我们抱有恶意的人有所醒悟，自然也就放下了内心的偏见，不再加害我们。我想，这是“以德报怨”终极的意义。

生活中的诸多实例向我们证明，仇恨、怨气、敌意如同一块不断增长的绊脚石，如果你越放不下，那么就越容易受它影响，把路越走越狭窄，而宽容、善良、理解则令你内心宽敞，脚下的路也会越走越宽广。以德报怨的人，不仅能在事业上越走越成功，还能在心灵上享受到人生的最高境界。

对于个人来说，以德报怨的具体显现，可以简化到一个手势，乃至一个微笑。我想朋友们不妨试试这个“以德报怨”的“处世哲学”。如果每个人都能够以这样的心态对待人和事，不仅可以给别人带来快乐，而且自己也一定会永远为友爱所包围。

用对待自己的心，对待别人

中国台湾慧律法师讲过：人之所以烦恼，是因为每天一张嘴就说别人的是非，一睁眼就看别人的不对，从来没有看到自己的不足与错误。如果能用对待自己的心对待别人，世间就会少了很多恩怨与纷争。

我一直以来很喜欢两句话："当我们拿花送给别人的时候，首先闻到花香的是自己；当我们抓起泥巴抛向别人的时候，首先弄脏的也是自己的手""你怎样对别人，别人就会怎样对你，这好似黄金定律；别人怎样对你，你就怎样对别人，这是白金法则"。所以，站在不同的角度看待问题，解决问题的方式会不同，甚至有时产生的结果也会大相径庭。

用对待自己的心对待别人，说到底就是一种格局，一种能够换位思考的智慧。而一旦掌握了这种格局，就有了层次，也有了内涵与品格。

之前我看过一个视频，在办公楼走廊上，因为冬天下雨送餐难免会稍微推迟点儿，订餐的女顾客看到外卖小哥送来的餐饭，直接发火当面将饭菜倒在地上，还恶言相对，抱怨外卖小哥送餐晚了，饭菜凉了。

这位女顾客对外卖小哥的愤怒，不仅仅是因为外卖送晚了，或许更主要的是她在潜意识里瞧不起送餐行业。换个场景，如果是她的老板给她送个文件迟到了，这位女顾客敢把文件当着老板的面摔到地上吗？或者，如果是她给老板办事晚了，老板把文件甩在她的面前，她又该作何感想呢？

拥有感同身受能力的人，就是有格局的人。如果我们的生活中遇到一些困难、和他人产生一些矛盾，不如学得圆融些，换位思考，尽量不与别人发生争执，顺着别人的角度去揣摩下对方的真实想法，或许能解决很多问题。做事如此，说话也是如此。一开始不要急着否定别人，而应该从别人的利益点出发，去换位思考。

很多时候，我们在生活中，总是会有这样的感受，当自己处在一个角色中，就会觉得其他人跟自己格格不入，自己完全理解不了对方的想法。当作为一个媳妇的时候，就永远体会不到为什么婆婆总是会针对自己，找自己一些麻烦；当自己是员工的时候，就会觉得老板强势，没有人情味；当你初为人母的时候，就会觉得孩子叛逆，不听话，不懂事，只有自己到了那个位置才能真正地体会到当初父母的心情。

人就是这样，在多数情况下不会用对待自己的心对待别人，不能站在对方的立场上考虑问题，所以更谈不上感同身受，这大多数还是因为我们不懂得换位思考，总觉得别人不理解我们，却不在自己身上找原因。其实真正能够得人心的人，都是懂得从不同的角度看别人、看自己的人。

用对待自己的心对待别人，说到底就是一种爱的能力。

目中有人才有路，心中有爱才有度。一个人的宽容，来自一颗善待他人的心。一个人的涵养，来自一颗尊重他人的心。一个人的修为，来自一颗和善的心。眼里容得下别人的人，才能让人也容得下他。懂得尊重别人的人，才能得到别人的尊重。让柔和待人的心态常伴自己，处处祥和。

“坚持”是个挺靠谱的词儿

万事开头难，坚持下去其实更难。三分钟热度谁都会有，而真正做出成绩成了气候的往往是能够坚持到底的人。最初我进入美容行业的时候，跟我一起的同事有不少，但随着时间的推移，看到别的行业赚钱改行的有之，觉得累苦放弃的有之，难以提高技能一直维持现状的有之。而我发现，想要真正做好美容事业，带给别人美的同时也要让自己感悟美、懂得美、分享美、传播美，自己有十分才能给别人五分。于是我坚持下来，不断在美容行业里精进与学习，真可谓一头扎进去不断深入这个行业。

坚持，意味着你的内心要继续受折磨，受多久折磨没人知道，但是坚持着走过来了，浮云消散，你收获的就会是成功的喜悦；放弃，意味着你的内心现在可以不受折磨了，但是说不定以后会遗憾，甚至会与成功擦肩而过，失去得更多。所以，从长远的发展角度来看，想要拓宽我们的人生格局，是必须要坚持的，特别是在被很多现实问题困扰着的时候。

有个一万小时定论，意思是，你要想做好一件事，那么只要你花费了一万个小时，你就可以将这件事做得很好，至少能在同一批人中名列前茅。然而，一万小时是一个让人畏惧的数字，所以我更看重的是一万小时背后所体现的那种坚持的精神，也就是说，你不一定要花费一万小时去做，但只要你坚持去做，那你就会有所成就。而且，一旦你养成了习惯，也就不会如前期那样强迫自己去做了，反而变成了自然而然的过程。

比如说跑步，有些人带着一种短期的目的去坚持，每天早上极不情愿同时又强迫自己去锻炼的人，通常坚持不了多久，因为他是用意志力在苦苦地坚持。真正的健身是一种生活方式，是生活的一部分，因为他们意识到健康是人生中最重要的事情，而这种意识会深入骨髓，融入生活。有一个老年人，早上6点起床锻炼1小时，已经成了每天要做的事情，现在90岁了，依然不变。

我身边有几个闺密，其一，每天坚持早上6点起床，晨练1小时，然后7点开始吃早餐，送孩子上学，之后去上班。一年365天雷打不动，已经40岁出头的年龄，外形和气质给人的感觉像是25岁左右。用她的话说，打败一个人的不是天真，是懒惰。其二，每天坚持睡前阅读1小时，一年下来300多个小时，每年能读50多本书，3年之后无论是谈吐还是思想都明显有了质的改变。

她们都是坚持的典范，因为这一份坚持，收获了很好的生活以及从不放弃的坚忍，在我眼里，她们都是非常靠谱的人。

一个女人的坚持，往往是一种品格、一种格局的彰显。真正坚持的人，会非常简单，因为人的时间和精力有限，有些人一年做很多事情，有些人很多年做一件事情，而越是卓越的人，一辈子越可能就做那么一两件事情，因为她们知道自己需要什么，也知道如何去实现。

自律，女人一生的护身符

很喜欢一句话：自我控制是强者的本能；真正的强者都是高度自律的人。一个人自律的程度，决定他人生的高度。

其实，前面我们说到坚持，本身就是一种自律。而在一个人的自律中，藏着无限的可能性。一天两天看不出来，一个月两个月也许还是看不出来，但是一年两年，甚至十年二十年，自律的人和不自律的人，终将走上截然不同的道路。

在自律方面，有一个人值得我们学习和借鉴，她就是演员孙俪。无论是从别人口中还是从她自己的微博里都可以看到，她是一个超级自律的人。

作为两个孩子的妈妈，为了恢复身材，她坚持保养，运动，泡健身房，做普拉提，练习格斗、瑜伽。孙俪练瑜伽 13 年，不光自己练，还逼着女助理一起练，减掉几十公斤体重的女助理直接变成了励志女神。

她坚持每周一吃素，雷打不动；

她坚持写字、画画，作品让人惊艳，一双儿女也熏陶得像模像样；

她坚持每年做一本台历，记录拍剧的所得；

她坚持早睡早起不熬夜，每个节气的泡脚提醒成了微博热搜。

她用自己的行动来向我们每个人证明：最高级的自律，就是把每一件小事做到极致。

如果说演员是职业需要，不自律、不节制饮食保持身材会影响自己的事业发展，我们普通人也有通过自律改变了命运的案例。

我有一个同是做美容整形的男同事，他在每天上班之前和入睡之前都要敷面膜，为了保持好皮肤他戒烟少辣，简直就是为了美把自己自律成神一样的典范。用他的话说，我是一个从事美容业的人，自己都不美不自律，怎么带动别人呢？所以，在我们眼里看到的他，就是一个活广告，自带美颜效果。快 50 岁的中年大叔愣是凭着自律活成了少女们眼中的“哥哥”。

美国科学家富兰克林说：“我从未见过一个早起、勤奋、谨慎、诚实的人抱怨命运不好；良好的品格、优秀的习惯、坚强的意志，是不会被假设所谓的命运击败的。”

当然，做个自律的人很不容易，做个自律的女人更难！我们为了生活忙碌，为了家庭操心，为了孩子焦头烂额，但是这些都不应该是我们自我“堕落”的理由。作为女人，我们也应该有自己的自由和空间。

看过一期中医养生节目，节目讲述了北京中医药大学的一位老专家，70 多岁了，手上一点儿老年斑也没有，脸上的皮肤也甚好，周围人都说她看起来比实际年龄小 20 岁。

记者就问她，她保养的诀窍是什么，她说，她从年轻开始，每天早餐吃三颗大红枣，喝一碗粥，粥不要喝完，剩一口，再加一小勺三七粉，不要多，一克到三克就好。饮毕，就可以开始一天的工作。这样的饮食习惯一坚持就是 30 年。

这就是一种高度的自律。我们每个人都有心血来潮想要锻炼、减肥、变美的那一刻，但仅仅是一个念头而已。自律的人却是把自己的一个好念头变成了习惯。日复一日地坚持这个习惯，最终收获一个不一样的自己，这就是高度自律的力量。

第五章
财富，决定能走多远

我养你啊，听听就算了

网上看过一段令我印象深刻的话：“我认真做人，努力工作，为的就是当站在我爱的人身边时，不管他富甲一方，还是一无所有，我都可以张开双手坦然拥抱他。他富有，我不用觉得自己高攀；他贫穷，我们也不至于落魄。这就是女人去努力的意义，没有公主命，那就必须有一颗女皇的心，用积极的态度，过不完美的人生。”

很多女生在谈恋爱的时候，喜欢听到男生表白“将来我养你啊”。不可否认，能听到这样的表白的确很幸福，但切不要被这样的幸福冲昏头脑。这样的话，听听就好，不能太当真。无论是结婚前还是结婚后，即使自己的爱人真的富甲一方养你没有问题，自己也不能成为坐等别人来养的人。

2017 年热播的电视剧《我的前半生》之所以霸屏，正是因为折射了真实的现实生活。年轻漂亮的罗子君，婚后宅在家里，过着有钱又悠闲而滋润的全职太太生活，丈夫陈俊生在婚前曾经答应过她，会养她一辈子。因为有丈夫的承诺，罗子君便觉得高枕无忧。住着豪华舒适的大房子，家务和孩子有保姆打理，自己闲来无事就逛商场，遇上喜欢的就毫不犹豫买下来。完全过成了时下流行的说法——你负责赚钱养家，我负责貌美如花。

但是现实并没有让罗子君从此就过上了公主般的人生，陈俊生并不是她的“长期饭票”。当她还沉浸在不用做家务，不用带孩子，又能随心所欲花钱的时候，丈夫出轨了，毫无征兆但又在情理之中。

哪怕当时陈俊生承诺过“我养你”，哪怕罗子君并不丑，但婚后她因为经济不独立而去依靠陈俊生的时候，已经让自己的人格魅力下降了，变得卑微和有了依附心。于是，她的老公厌倦了，只想摆脱她。

好在罗子君的前半生虽然过得一地鸡毛，但有幸得到闺密唐晶的帮忙，后又得到贺涵的鼎力相助，后半生开始逆袭。

这部电视剧里另一个女主角唐晶却正好跟罗子君的人生相反，从一开始就是职场白领，有工作能力，非常富有的男友承诺如果结婚可以给她一套房子，她却拒绝了。唐晶代表的就是现实中有经济能力的女人，不但可以不受物质诱惑，还能掌控自己的人生。

“我养你”是一句爱的宣言，但不能当真，如果当真，结果可能就是，一个未婚少女义无反顾地走进了婚姻殿堂，变成了一个已婚职场女性，为了照顾家庭，选择了洗手做羹汤当家庭主妇，从此开始了向丈夫要钱的生活，但这种生活随时都会因为自己没有经济收入而分崩离析。

要知道，世间万物都是在变化的。从哲学的角度来说，变化是绝对的，而不变是相对的。

养你的人，他也会累了、倦了，或是没有能力养你了，这时他渴望的可能是一个在他进攻时能和他并肩作战，在他退守的时候能保他有一方安静家园的灵魂伴侣，而不是一个除了生活中的鸡零狗碎其他一无所知的家庭妇女。

女人真正的强大，不是做公主，而是做女神！把主动权交给自己，你才有对抗厄运的勇气和能力。

那些我们眼中的成功女人，哪里完全都是什么好运，只不过是她们更早地懂得，只有自己才可以成就自己。

相信自己有赚钱的能力

很久以前，女人似乎处于依附状态，社会约定俗成的规则认为，赚钱是男人的事，女人只是相夫教子做家务而已。随着社会的发展，女人俨然成为一个家庭的经济主力，社会上不但涌现出了很多女企业家，甚至同在一个公司，女性职员的收入也能超过男性职员。女人既可以下得厨房又可以登上更大的舞台施展自己的才能。比如：

有人说：“从未想过嫁豪门，我就是豪门。”

有人说：“我什么都有，你有单纯善良和帅就够了。”

所以，作为女人，我们要相信自己能行，我们都是会赚钱的人。只有会赚钱的女人，才能活出自己的美丽，才能按照自己的意愿自由生活。所以，作为一个聪明的女人，一定要尽早培养自己赚钱的能力，关爱自己，为自己以后的人生早做打算，如此才能活得轻松、自在、无忧。

有时候，实现梦想会遇到很多的阻碍，有可能是时代背景，有可能是世俗观念，但是，比起一个真正的阻碍来说，这些外在阻碍都不算什么。真正能够阻碍你实现梦想的，是你自己没有真正相信你能做到。

电视剧《那年花开月正圆》中，普通的江湖卖艺女孩周莹靠着自己的能力让周围的男人都对其爱慕有加，而且尊敬她。周莹虽然出身低微，但她愿意为自己的事业奋斗，抛头露面，讲和谈判都可以。她的爱情不圆满，她的丈夫被人害死了，她爱的男人也不在了，可是她还是要坚强地活下去，因为很多人都需要她。她的坚强也赢得了更多人的心。即使孤独终老，她也是个经济和精神都富有的老太太。

作为一个女人，能活成这样自如的状态是值得人羡慕的。且不说周莹的爱情，仅仅是这份对事业的执着，我想看过这部电视剧的朋友都会有所动容。

我记得有句话是这样说的：你有钱的样子真好看，你努力的样子更好看！无论男女，认真工作的时候最迷人。

有能力赚钱的女人，眼光从来都是长远的。她们由内而外散发着迷人的魅力，这个魅力来自她们相信自己的能力，她们相信与其依赖男人，不如让男人望尘莫及。两个人在一起，保持彼此独立，就是保持彼此的新鲜感，有新鲜感的爱情也更长久。

我个人属于那种内在渴望自由的人，对钱的看法也是“成为钱的主人，不做钱的奴隶”。爱人能力很强，但我不希望自己成为一个依赖别人的人，我希望自己不仅仅是天天操心丈夫孩子的衣食住行，我更多的时候希望经由自己的手和能力，有足够的经济实力和丈夫一同经营把家变得更加牢固。因为，这是新时代赋予每一个爱家、爱孩子、爱丈夫的女人最好、最高的使命。

说走就走的前提是得有钱

网络上有个段子是这样说的："春天来了，我们去旅游吧！我带着你，你带着钱，三亚也好，长江也罢，横穿唐古拉山口，暴走腾格里沙漠。让我们来一场说走就走的旅行！我带着你，你带着钱，哪怕是天涯，哪怕是海角！我带着你，你带着钱！你一定要带着钱啊！！！"

看到这儿大家一定笑了。这个段子太现实。明明是浪漫的旅行，非得强调带着钱，还"重要的事情说三遍"。俗不俗？俗。真实不真实？非常真实。

当我们为生活所累、需要放松的时候，当我们想要带着父母出去看看祖国大好河山的时候，当我们想要让娃去别的国家看看风土人情、拓宽眼界的时候，当我们想要说走就走来一场浪漫远行的时候，前提是得有钱。能让一个人义无反顾地放下一切当个背包客最基础、最重要的就是钱。这个听着似乎很俗，但俗得真实。谈钱变俗，没钱更俗。

旅行的目的是寻找快乐，而钱财是支撑快乐的基础。人要想在旅行中走得淡定从容，需要带上几样东西：健康的身体，够用的钱财，对美好有感知的心。

不仅仅是旅游，人生就是一趟旅行，每一个节点都像一处风景，想要风景优美宜人，而不是穷山恶水，就需要提前规划和合理安排钱财。

比如，从我们呱呱坠地直到垂暮之年，一路风景可短可长，怎样既享受了沿途美景又不给自己留有遗憾，既让自己无愧一路行进又感谢富足相伴才是我们要面对的课题。

上学要不要钱？谈恋爱要不要钱？有了小家生儿育女要不要钱？给儿子娶媳妇、给女儿准备嫁妆要不要钱？这时人生路刚开始走就处处离不开钱财做基础。更不要说买商品房、买小轿车、国内游、国外游，老了有病可医治，死了有地可葬骨，哪一个地方不是靠钱来做基础？

爱尔兰作家巴克莱说过："幸福有三个不可或缺的因素，一是有希望，二是有事做，三是有人爱。"有事做正是使我们幸福的一个不可或缺的要素。当一个人全身心地沉浸在自己所热爱的事情之中时，就会感到前所未有的兴奋与满足，这就是一种幸福。

我认为，真正的财富就是坦坦荡荡地去赚属于自己的钱。不要幻想着天上掉馅饼，也不要急功近利，想一夜暴富。

钱不是挣来的，钱是吸引来的，当你能预料到死亡的那一刻，你就能活明白现在，也就是"不知死焉知生"，人生才能倒着活，因价值而生，因使命而安。

财富是独立、平衡、利他

杨澜在《一问一世界》中说：现代女性的选择不是事业或家庭，而是事业和家庭。的确，现在不再是拼体力的时代，女性的力量不足不再是限制我们发展的缺陷；相反，女性的柔美、宽容在注重人性化管理的今天非常适用。如果以前的女性把事业和家庭当成二选一，当下的女性已经是双管齐下了，既要事业又不能耽误家庭，所以，新女性，要有几把新刷子。在我看来，这几把刷子分别是独立、平衡、利他。

所谓独立，首先女性要意识到，我们已经不再是谁的附属品，需要有自己的事业和圈子，这样的事业和圈子让自己思想独立，能在自己的能力范围内创造自己的价值，同时带给别人幸福。100 多年前女性还要裹脚，现在女人可以自己买包、买房、买跑车，自己创造一份值得骄傲的事业。那些走在事业路上的女人，目光坚定，从来都知道自己要什么，扛得过事业的苦，也吃得下生活的苦，她们懂得拼搏，亦懂得阶段性舍弃。没什么能困住她们，她们永远拥有驰骋风雨的能力，这是一个女人选择的活法，是你想象不到的热烈与精彩。女人需要在属于自己的圈子里，身份不是“某某夫人”“某某太太”。在这个圈子里，你能做任何你想做的事情。还有一个更重要的观点，女人自己的事业和圈子就是自己养生驻颜的秘诀。

作为女人，工作顺，不用为了钱愁眉苦脸，那么心情就会相对变得舒畅，经络更畅通，气血更充足，细胞更活化，容颜自然更靓丽，身体相对更健康。

所谓平衡，就是女人既要有事业，也要做到平衡家庭。事业对于我来说很重要，但绝不能为了它而忽视我的家庭。在另一半面前，我就应该展示自己小女孩顽皮不懂事的一面，完全的柔软、可人；在家人面前，我就完全忘记快节奏的工作，和他们一起，慢节奏，开心相伴。如果没有个人幸福、没有心疼你的丈夫、没有家庭和谐，对于一个女性来说，再成功的事业又有什么用呢？

所谓利他，就是女人在兼顾事业和家庭的同时，无形中就会给家人带来幸福感，因为自己的存在让别人感到快乐。事业能够让我们有源源不断的经济支持，同时又能在家里营造温暖的氛围，这样会给孩子和爱人一个很好的环境，不因经济纠纷争吵，也不因事业忙碌彼此埋怨，让理解与爱在家里流动，这是一种真正的利他。

当我们有独立的精神和思想，有自己的事业和圈子，然后又能凭自己的能力兼顾好家庭与事业的平衡，做到为家保驾护航，这不就是真正的财富吗？

心灵的高度决定财富的高度

追求财富是每个人的本能。谁都想过有钱、有闲、有颜值的畅意人生。这就给我们提出一个问题：什么是真正的财富？

可能会有人说了，当然是花不完的钱呀，不是说“有钱能使鬼推磨”嘛。

对于金钱是否就是财富，有两种截然不同的观点。一种认为，金钱等于财富。这种观点我赞同，金钱代表财富，在生活中是可量化的。随着个人或者家庭财富水平的上升，生活满意度、价值感以及幸福感都会提升，对于生活的忧虑自然就会减少。金钱上的保障，可以让我们向不喜欢的工作说“不”，或是让我们不为账单烦恼，经济上的自由会带来身心的放松，甚至也有了说买就买的自由和说走就走的洒脱。这当然是财富。

在国外，有些有钱的大亨，每到度假旺季，像甲骨文公司首席执行官拉里·埃利森、时代华纳集团前副主席特德·特纳等有着旺盛精力和梦想的企业家们，都会暂时抛开公司大大小小的事务，来到他们的帆船上，整天享受在无边无际的大海上；也有人替比尔·盖茨计算如何挥霍他高达590多亿美元的天价财富，结论是：可以买31.57架航天飞机、344架波音747、拍摄268部《泰坦尼克号》、买15.6万部劳斯莱斯产的本特利大陆型豪华轿车……而比尔·盖茨最奢华之举，便是斥资1.13亿美元，投入近

10 年的时间和心血，在美国西雅图打造的“未来之家”——它前临烟波浩渺的华盛顿湖，背倚湖畔的一座山丘，犹如一座巍峨的堡垒要塞。里面划分了家庭、迎宾、勤务三大活动区域，有 7 间卧室、24 套卫浴、6 个厨房、1 个穹顶图书馆、1 个电影院、1 个接待大厅和 1 个养殖人工湖。这幢超级豪宅智能化程度之高，也创造了世界家居之最。这些都是金钱带来的最直观的财富。

那么，是不是我们就坚定地认为，只有金钱才是财富呢？当然不是。另一种观点认为，金钱等于财富，但财富不等于金钱，或不完全等于金钱。因为，金钱不能完全带来幸福和心智的自由与解脱。

我们总能看到那些驾驶着价值上百万元豪车的夫妻，坐在驾驶室里时，总是面无表情；我们总是看到那些衣食无忧、家财万贯的家庭，为了金钱让亲情冰冷。倒是有一些蹬着三轮车的夫妻，一些寄居城市角落的打工者，有说有笑，把日子过得从从容容、快快乐乐。现实中有太多的例子：夫妻原来很穷，但是非常恩爱，后来夫妻俩艰苦创业，赚了不少钱，赌博、吸毒、婚外恋闹了离婚。有些有钱人家给孩子买豪车开，结果一不小心闯下大祸，有些自身难保。老子“祸兮福之所倚，福兮祸之所伏”的观点，总是在生活中不断被证实。

这就需要我们上升到一个新的高度，这个高度就是心灵的高度。我们用怎样的心智去理解财富。

这个世界是能量守恒的世界。财富也是一场资源的置换，用时间、用精力、用你的特殊本领。没有凭空出现的财富，当然也没有注定的贫穷。

财富自由的目的是精神和心灵的自由，精神自由便是回归内心的热情。比如，我们对于自己工作的热爱、家庭的热爱，因为这份热爱不计较金钱的回报，大的财富是不囿于眼前的点滴。

自由时，可以不权衡，于是敢想、敢干、敢做梦。财富自由不是增加了什么，而是给你的人生做了减法。你少了许多“非如此不可”的事，就可以多了许多选择，有了可能性。真正的自由不是你想做什么，而是你不想做什么。

当一个人心灵到达了一定的高度，那么，对于金钱的看法、对于财富的理解就会到一个新的高度。

不完美也是财富

我们常常对自己也对别人说“知足常乐”。可事实上，知足的人越来越少了，达到小康生活水平就追求奢侈，有了房子要别墅，有了车子要飞机，有了工作这山望着那山高，有了钱想赚得更多……这些欲望，迫使着人无休止地奔波劳碌，硬撑着去争取登上那“遥不可及”的顶峰。这样，反而让快乐和幸福缺失。

人们都希望得到幸福而不愿面对烦恼，但是，如果没了烦恼，我们也不一定能感受到幸福的味道。生活中，总有一些事情不尽如人意、无法逆转。对于这些，我们明知摆脱不掉，倘若依然耿耿于怀，就会更加痛苦。让我们善待生命中的缺点，以宽容之心面对自己，以豁达之心面对生活，其实，微小的缺点也美，有了不完美才是真完美。

因为人生中的不完美，让我们觉得生活是真实的。所以，不完美也是财富的一种。

前面我们提过电视剧《我的前半生》里罗子君的人生就是对不完美最好的诠释，如果不是被丈夫背叛，子君依然是那个天天就是“买买买，花花花，吃吃吃，逛逛逛”，被养在家里，而渐渐失去了飞翔的能力的“金丝雀”。有了孩子被离婚，一个大龄离异的女人，带着孩子重返职场，这是多么大的打击！子君没有想到，她本来应该非常“完美”的人生，不应该来这么一出。事实呢？正是由于这样的变故，子君从零开始，学会了靠自己赚钱，养家养孩子。在蜕变的过程中，她收获了最纯洁的友情还有爱情。

任何影视剧和小说都是生活的反映，但生活又比影视剧精彩、现实得多。

我们每个人都不可能拥有完美的人生，不可能锦衣玉食，不识愁滋味，唯一能做的是，纵有疾风起，也能有坐看风起云涌的心境。把不完美看成是一种砥砺和鞭策，这是我们每个人要修的人生一课。

对于财富也是如此，我们活着时无论拥有多少，死后也没有一个人能将它带到坟墓里去。因为我们不是这个尘世永久的房客，而只是过路的旅客。

正如一首诗中所写："苍田青山无限好，前人耕耘后人收；寄语后人且莫喜，更有后人乐逍遥！"因此，我们对人生可以抱着比较轻快的态度。

是的，这个世界并不存在"完美"，古人也云："金无足赤，人无完人。"我们要完全地接纳一个不完美的自己，以及这个不完美世界所有现实的存在。"完美"可以理解为大家共同的理想，也可以视为一种终极目标。我觉得，只有自己不断地克服困难、创造机会，坚持不懈地努力，哪怕知道最终到达不了目标，也不放弃，始终如一地在追求完美的路上前进着，这大概才是真正的完美吧。

有一个故事：

从前有个圆圈，它丢失了一小段。它想变得完整，于是到处寻找它丢失的那部分。由于不完整，它只能滚得非常慢。在路上，它羡慕过花儿，它与虫子聊过天，它享受了阳光的照耀。它遇到过很多不同的小段，可是没有一个适合它。所以它把它们丢在路边，继续寻找。有一天，圆圈找到了可以与它完美结合的那一小段，它非常高兴。它现在终于完整了，不缺任何东西了。它把丢失的那段装到自己身上，然后滚了起来。它现在是个完整的圆圈了，它可以滚得很快，快到忽视了花儿，快到没有时间和虫子们说话。当它意识到由于它滚得太快，世界变得如此的不同时，它便停了下来，把找到的那段卸下丢在路边，慢慢地滚走了。

这个故事告诉我们，从某种奇怪的意义上来说，当我们缺少什么东西时，我们反而是更完整的。一个拥有一切的人在某些方面也是个“穷人”，因为他永远不会知道什么是渴望、什么是期待；他永远不会知道用渴求更美好的东西来充实他的灵魂；他永远不会知道，一个爱他的人送给他一样他所梦寐以求的东西时，是怎样的一种感觉。

当我们接受了“不完整性”是人生的一部分时，当我们在人生之路上不断前进并且欣赏生命残缺之美时，我们就获得了别人只能渴望的完整的人生。我相信这就是上帝对我们的期望：不求“完美”，也不求“从来不犯错误”，而是追求人生的“完整”。

如果我们有足够的勇气去爱，有足够的力量去原谅，有足够的宽容和足够的智慧，还有足够的感恩惜福，能因别人的快乐而快乐，能发现我们身边充满着爱，我们就会产生其他生命所得不到的一种满足感，这种满足感就是一种财富。

第六章
见识，决定能看多高

知识之后是见识，见识之后有胆识

见识是什么呢？是一个人的眼界，也指一个人是否见多识广。眼界在很大程度上与我们的成长经历和自身阅历有着必然的联系。法国民间有句谚语："你曾经走过什么样的路，决定了你未来要在什么样的路上走。"意思是：你以往的经历影响着你的见识，而你的见识决定了你人生中各种各样的选择。很多时候，一个人能否成功，努力固然非常重要，但在见识影响之下的选择，往往能够事半功倍。

同样是人，有的人让人感觉有趣、有内涵，有的人让人感觉浅薄无趣。是什么造成这样的结果呢？其中除了人与人之间性格不同之外，还有更大的一个原因是见识的不同。一个人的层次和见识，决定了他所看到的生活是什么样的。层次越高，视野越广，心胸越豁达。并不是生活对他有特别的眷顾，也不是他的生活过得就那么一帆风顺。而是，因为体验过差的，享受过好的，有了见识，才有苦中作乐的能力，才能呈现出来有趣的朋友圈或者说有趣的生活态度。

一个女人的见识，既不单指见闻，也不限于知识，但肯定是从学习知识、增广见闻中起步的。见识，是对客观事物的一种综合认识、理解和判断能力，它包含眼光、见解、思维方式、分析能力，包含对过去历史经验的总结和应用。有见识的人会有自己看世界的眼光，尽可能多地认识世界的宽广辽远，明晰自己在这个世界上的相对位置。有自信、有勇气，在身陷险恶之境、遭遇不好的体验时，既能够明了恶的存在，也不失去感知善的能力，有崇尚善的信念，有坚持善的勇气。如此，见识来自知识的积累，最后形成自我的信念，转化成最终看待事物的角度以及生活中的胆识。

任何一个女人都需要生命的成长。这种成长既表现在生理、心理的逐渐成熟，也体现在知识的丰富、才华的卓越上。从这个意义上说，女人拥有了知识，也就拥有了一种超越自我的手段，拥有了一把永远年轻、永远美丽的入门钥匙。

做美容这一行，并不仅仅是带给人外在的美，很多时候也能让很多爱美的女生习得一定关于美的知识和见识，知道何为真正的美。我认为，一个总是被化妆品和高级时装包裹的女人是美丽的，但不一定会显得可爱，因为她们的美本质上是一种艳俗。但一个被知识装备了的女人就不一样。她会变得格外通情达理，会更加看重女人的独立和自我的价值，会对世界多几分本质的了解……因而，她比一般的女人沉着、开朗，更多几分可爱的书卷气。她们的美也显得更加动人和独特。

眼界连着一个人的心，而心中的所思所想恰恰影响着这个人的格局。因此，我们不仅要时时处处拓宽自己的眼界，还要把看到的事情内化成一种强大的动力，从行为上体现出改变。在这个过程中，我们还要注意对信息加以鉴别，将那些无用的、有害的信息及时去除。抵制住一些诱惑，不要让它们影响你的决策。

现实生活中，见多识广的人往往自带光环。他们因为眼界宽广，对人性、人生有深刻理解，所以总是非常善解人意，性格宽容随和，在举手投足间流露出一种让人舒服的大气。我们要成为这样的人，其实并没有多难。所需要做的就是尽可能地去开阔眼界，然后将收集到的信息内化，从而形成有建设性的行为。当你因为眼界的改变，做出了一些对自我有所突破的事情时，你的格局也会在不知不觉中改变。也只有身体力行，眼界与格局之间才会架起一座宽阔平坦的桥梁，让你向着成功大步迈进。

女人要好命，就要赚钱、变美和读书。这是我一直倡导的女性人生理念。先有赚钱的能力才有变美的能力，然后用知识武装自己，让自己变成一个由内而外都美起来的人。那样，你无论走到哪里，无论遇到什么样的人生际遇，都有胆识去面对。

优秀的女人都“雌雄同体”

我小时候看电视，最痴迷雌雄同体的角色。不论是林青霞版东方不败，一袭红衣霸气外露，还是张敏版赵敏，深情且戏谑的回眸一笑……她们男女老少通杀的气质，惊艳了无数人的童年。

回想多年来遇见的人，我的确发现：真正优秀的女人，大都是“雌雄同体”。她们兼具女人的感性与男人的理性：很温柔，但怀有内心的坚持；有温度，又不失智慧和胆量。保持独立，又女人味十足。

女子之美，如果美在外表就没有人会怀疑，而女人的勇气和创造力，却常常会被人忽视。人说“巾帼飒飒如惊鸿，窈窕翩翩若游龙”，所有那些勤奋努力、活出自己精彩的女性，都令人肃然起敬。

在我看来，优秀的女人都敢于把自己打造成“雌雄同体”，她们有男人的坚毅，也有女人的细腻。

脸书（Facebook）创始人扎克伯格的夫人普莉希拉，这个被人称为“邓文迪第二”的女人，有媒体说她“其貌不扬”“身材平平”。那是什么原因让扎克伯格着迷呢？原来，13 岁时，她问老师，怎样才能上哈佛？老师也不确定，只是试探回答，体育要好。小姑娘开始为了这个目标，学习并不擅长的体育项目，丰富自己原本并不丰富的简历，几年后，成功入学哈佛。

20 岁那年，扎克伯格问她，要不要加入 Facebook？

她却摇头拒绝：我要成为一位医生。我们携手应对未来，却绝不能过于依赖。我不会借着你的光芒让我备受瞩目。于是她一步一步，继续啃食书本，最后顺利地毕业拿到优秀医生资格。

所以，女人的“雌雄同体”，就是既有女人的敏感纤细，也有男人的真实清醒。于自我，是一种取悦和善待；能将自己的生活打理得井井有条，能将自己的欲望填补得妥妥帖帖；自给自足，自娱自乐。同他人在一起，不过分地依赖他人，不过分地向他人索取。比起女性的“美”，多了一分硬朗；比起男性的“帅”，多了一分娇媚。学会一边用女性的细腻思维爱自己，一边用拿破仑般的男性思维面对这个世界。当我们将男性品质和女性优点集于一体，就好像给心灵装上了双重系统，这样的女人，又怎么会活得不精彩呢？

前两年我出国旅行，在飞机上和邻座一位美女攀谈，闲聊中，得知她是某个知名企业的高管。看着她吹弹可破的肌肤，心里忍不住感慨，年纪轻轻就做了跨国集团的高管，还真是了不得。可到后来才知道，人家早已经年过 40 岁，是两个孩子的妈了，这立刻让我心生敬畏，问她怎么平衡工作和生活，还能让自己保持如此青春的状态。这位漂亮的女士告诉我，她每天的 24 小时，都是被严格划分成条块状，每天 2 小时运动、2 小时陪孩子、7 小时的睡眠，剩下的时间就是用来处理工作和自我增值，并说认识她的人都笑称她是外表柔美的女汉子。

这不正是一个“雌雄同体”的典型吗？著名心理学大师荣格说过：“我们每个人的心灵结构都被上帝预装了一套双系统：在女人娇柔的灵魂当中，藏着刚毅的男性原型意象。但是在社会化的过程中，我们为了显示对自己的性别认同，潜意识里会有意遮掩自己身上的异性气质，从而戴上人格面具，女性尽力展现自己的娇媚，而把自己担当和坚毅的一面悄悄隐藏。”

修炼格局的过程中，我们要把自己内在男性化的一面调动出来，既要有女性的柔美，也要有男性的坚强，这样才能遨游于这个世界。

真正的高贵来自心智成熟

美国作家海明威有句话："优于别人并不高贵，真正的高贵是优于过去的自己。"一个对自己有卓越追求，并以此为动力不懈努力的人，他的目的不在于超越别人，而在于超越自我。女人要珍视内心世界的平和与高贵，这些可以让自己保有拼搏进取的力量，不断超越。

所以，在我看来，女人真正的高贵是心智的成熟。当一个人具备了足够的知识和见识以后，最直接的表现就是心智的提升。

有的人感觉幸福、快乐、知足平和，有的人却是觉得生活难挨，忧心忡忡，这些都是每个人不同心智造成的。

比如，对于工作或生活不顺心这件事情，心智不成熟的人不愿意直面这个"不顺心"的情绪，他不愿意去看一看自己"究竟对什么原因"感到不开心，不愿意更具体地去思考情绪的来源、情绪的过程、情绪的解决方法，只是想快速让"不开心"的情绪有一个解释、有一个责任方。这时，我们就可以说，他的心智不够成熟。

心智成熟的人更关注内在的因素，而不是外在。比如，有的人和丈夫相处得非常不好，天天认为自己在家受气。往往认为"受"到来自"外在"的"气"。这就是将"痛苦"的来源推到外界的极端化思维。她不愿意去看到"我可能也负一定的责任，我可能也是一个容易生气的人，很喜欢主动寻找丈夫忽略自己的细节进行夸大”。此时，她不愿意往内在去看一看，我们就可以说，她的心智不够成熟。

一个真正爱自己的人，就要做一个心智成熟的人，知道怎样让自己活得不难受，也让身边的人活得不难受。

心智成熟的人是成为自己，学会对自己负责。成为自己并不是一件简单的事情，因为无论是家庭还是外界都会对我们有诸多的要求，而成为自己，就要开始学会听从自己内心的声音。

一直以来，很多人关注一种特殊的“现象”：在美国，为什么乔布斯热衷打坐禅修？在日本，为什么稻盛和夫一度剃度出家追求禅定境界？在中国，为什么马云作决策之前常常闭关、禁语？为什么这些人对禅修如此痴迷，而禅修又如何帮助这些人获得财富的自由和心灵的自在呢？恐怕很多人都非常想了解。

事实上，他们的这些举动意在静下来和自己的内心对话，找到自己心智最强大的地方和最脆弱的地方，然后有针对性地去调和，去检视。先把心境处理好了，再对一件事作决定。

所以，心智的锻炼需要一个循序渐进的过程，先要检视一下自己难以接受的负面情绪有哪些：嫉妒、恐惧、紧张、生气、愤怒……如果产生了负面情绪，不要去否认或掩饰它，更不要责备自己，对自己生气。要先坦然地承认并且接纳自己的负面情绪，不论它是沮丧、愤怒、焦虑还是敌意。要首先接纳负面情绪，然后再想办法解决引起负面情绪的问题。把情绪引导好，心智慢慢成熟，才能达到真正爱自己，同时爱别人。如此才能达到真正的高贵之境。

认知提升格局，格局决定幸福

从客观上讲，一个人的认知能力由于每个人所处的时代、所受的教育和成长环境的影响而有所差异；从主观上讲，又受个人素养、个性特征和世界观的影响而各有不同。一个人有见识、有认知，做事才有宽度和广度，也才能有格局。人生的格局又会影响自己的幸福指数。

“幸福指数”是一个综合的指数，包括家庭指数、事业指数、人际指数、自我指数等方面。

家庭指数：夫妻恩爱、父母慈爱、子女乖巧等。如果一个家庭夫妻不和睦，或者经历离婚风波，加之父母有疾病或有些人父母已经缺失，那么，两相比较，幸福就有了可衡量的标准，或者更确切地说幸福有了可对比的范围。那么，是什么导致有的家庭夫妻恩爱、父母慈爱、子女懂事，而有的就会家庭不和，遭遇家庭纷争呢？这跟家庭成员之间的自我认知和格局有直接的关系。认知能力高、格局强大的人，遇事不会钻牛角尖，更能用爱和温暖去理解对方，天长日久就会变得越来越和睦，家庭氛围温暖幸福。反之，则会鸡飞狗跳。

事业指数：主要特点是工作中充满激情、尊严和意义。事业在一个人一生中占据着绝对重要的地位。经济水平和个人能力的提升都有赖于事业。所以，这个指数的优劣也能让个人在幸福的感觉上产生可对比的范围。认知能力强的人，工作能力自然也会水涨船高，做职员会让领导觉得不可或缺，自己创业也能做得风生水起。如果认知能力弱，格局不大，无论是打工还是创业，都会做不大、做不强。

人际指数：主要特点是个人与他人之间的相互沟通、紧密合作、氛围融洽。和谐的人际关系和不和谐的人际关系，对于幸福感的产生也有一定的影响。认知能力强、有格局的人大部分不会有太差的人际关系，因为这样的人懂得如何更好地与人相处，知道做什么事能够让别人感到舒服和愉快，这样一来，人脉就会拓展，人际关系肯定也非常融洽。反之，总是斤斤计较、吹毛求疵的人，不但在工作中和同事合不来，甚至还会因为自己的认知低下让人敬而远之。

自我指数：主要特点是对自我的充分认知和对内心需求的真实满足等。无论前面三项指标如何，如果最后一项“自我”的认知不到位，幸福感也会大打折扣。一个人的心态和观念越正向积极，思维越乐观，甚至完全可以颠覆前面的几个指数标准。而是否拥有积极的思维和乐观的性格，完全依赖于认知和格局。一个认知能力高的人，知道自己要什么，也会用自己的力量去争取和获得，即使努力过没有得到，也不会怨天尤人，而会找自己的不足。这样的人不推卸责任，善于从自己身上找问题，天长日久就会生出非常强大的自我能量。

当这些综合指数都很高的时候，一个人的幸福指数就非常高，这样的人，就收获了别人眼中顺风顺水的人生。殊不知，这一切都是认知能力决定的。所以，认知提升格局，格局决定幸福指数。

见识高境界：感恩所有遇见

作家毕淑敏说过：

我喜欢心存感恩之心又独自远行的女人。

知道谢父母，却不盲从；

知道谢天地，却不自恋；

知道谢朋友，却不依赖；

知道谢每一粒种子、每一缕清风，也知道要早起播种和御风而行。

在我看来，感恩是一个人见识的最高境界。感恩不是完成一项任务，感恩不是证明一个道理，感恩不是体现一种风格，感恩是发自内心意识到了自己的富足，发自内心体悟到：人生一世，我所获得的远远大于我能付出奉献的。感恩是欢喜之源！

无论是从自身出发，还是从配偶角度出发，甚至从我们所过的生活来看，一个人一旦意识到自己的富足，就会由内而外散发和流淌一种淡定和从容，表现在外的就是不急不躁、不和谁争抢。这样的人，即使偶尔遇到挫折和不顺利也会用另一种观点看问题，从不怨天尤人，也不把责任和过错推到别人的头上。这也是另一种爱自己的表现。

有位104岁的老太太耳聪目明，老而弥坚。有人向她请教长寿秘诀，老太太笑了："我有一帖灵丹妙药，那就是每天花3分钟时间感恩。"她说，花1分钟感恩父母、丈夫、儿女、邻居和陌生人，1分钟感恩大自然，1分钟感恩每一个祥和、温暖和快乐的日子。感恩使她心里永远流淌着幸福的泉水，有这样的"神水"滋养，身体自然健康，生命自然长久。

我们活在这个世上，每一天需要感恩的人和事太多了。

感恩是一种能够穿透生命的智慧，回报却是搭起两个生命相互温暖的桥梁。一个人从呱呱坠地起，就沐浴太多的恩情：父母的养育呵护，师长的传道授业，夫妻的相濡以沫，朋友的义气相投，邻里的真情帮扶，素昧平生者的无私援助，更有社会提供给我们的良好生存环境和发展机遇，乃至大自然的阳光雨露、春华秋实。

对于给予我们生命的父母，我们要用一生去感恩；对于传承我们的孩子，我们也要用一生去感恩，是孩子让我们懂得什么是责任、什么是担当、什么是一脉承继；对于朋友，我们更要心存感恩，不同的朋友给我们不同的指引和关爱，让我们对照着他们去学会接纳和给予。

我们感恩，每天早晨依然能看到新的一天在眼前，没有经历什么地震、洪水之类的自然灾害。今天的太阳照常升起，我们最亲最爱的家人和朋友平安健康。生活依然平静、平安、平淡，没有遭遇打击或意外。

我们感恩，有好胃口吃想吃的美食；有精力来一场说走就走的旅行；有自己的喜欢和爱好，来释放自己；有自己从事的事业，相遇的朋友；有可爱的丈夫和孩子，一起过随性又自在的生活。

我们感恩，即使没有大富大贵的生活，但我们有平凡又知足的心态，不仰望，不奢求，过属于自己能够得着的日子。

每到节日，我尤为感恩父母和家人。一家人围坐在桌旁，推杯换盏，互相祝福，并让笑声挤满整个房间，我十分感恩有这样的状态。

感谢生命中的遇见！一些人、一些事、一些景，无论好坏，都是生活的馈赠。从中所感，从中所悟，都是生动的一课，教会我们如何生活，并且找到属于自己的生活，认清自己，找到自己，也终于找到属于自己的美丽！

生活，总是要怀着一颗善良美好的心走路、赏景，不怨尤，不仇恨。即使有时生活欺骗了你，我们也要豁达地原谅。一份心灵的静美才会无波澜地静好生活着，惬意地听风，恬淡地看云，赏窗外的风景，观窗台的盆景，属于自己的总是很近，别奢求太远，幸福总是在眼前！

不管你抱怨谁，骂的都是自己

法国作家埃尔文说过：“拥有好的心态，就算你眼前的现实惨不忍睹，命运也能开出绚烂的花朵。”毕淑敏也说过：“女人变丑的那刻一定是从抱怨开始的。”一个有着大格局的人，势必是一个心态好的人。这样的人不会没完没了地抱怨，而是理智地看待和分析问题，用行动去改变现状。好心态不仅能让我们看到事物阳光的一面、看到希望，更会让我们清醒地意识到，自己并不是一个彻底的失败者，完全有机会站起来。与其把时间和精力花在抱怨上，不如去做些更有价值的事情。

有见识的女人从来不抱怨，因为她们深知，不管抱怨谁，骂的都是自己。因为，你讨厌的别人正是你不喜欢的自己。

抱怨的背后，是对现实永远不满的消极抗拒心理。这里不如意，那里也不如意。这些不如意的累积，带来了人生的不顺畅，而抱怨者本人，不过是一个生活的受害者。

受害者的思维模式，说到底还是见识短浅、格局太小所致，只看得见自己，一切都要为自己服务。所以，一旦现实中出现不如意，就必然满嘴抱怨。最终导致自己的人生之路越来越狭窄。

我们身边有一种女人：她们活儿没少干，心肠都很善良，在人际关系中，一直扮演着付出的角色，可是她们的好很少被人记住，甚至是被身边的人厌弃，原因无他，坏在抱怨上。她们还相当固执，认为自己付出了那么多，难道还不能抱怨一下吗？所以，她们的思维造成了一个结果：付出得越多，抱怨得越多，被嫌弃得也就越多。她们委屈，她们愤怒，她们期望被人肯定和赞美，却以完全背道而驰的方法表达着自己的需求，身边的人一个个离她们越来越远，不愿意和她们交谈，不愿意和她们沟通，甚至不愿意听她们说话，于是，她们更加委屈愤怒，渐渐地把自己活得像一只满腹怨气的刺猬。

有一次我坐出租车，车上的收音机里正在播放一档谈心节目，一位女士向主持人求助说自己烦恼太多，每日困扰其中，不堪重负。主持人耐心地听完她的抱怨后，就问她究竟为哪些事情烦心，不妨举例说明。于是这位女士打开了话匣子：“我现在的薪水只能负担一套房子，但我的同事很多人都有两套以上，儿女们的房子都准备好了。我上班的地方其实挺方便的，骑自行车 10 分钟就能到，但看着同事们都买了车，我也贷款买了一辆，可油价一天比一天贵，停个车都要钱……邻居的孩子去国外留学了，我也得攒点儿钱，好把孩子送到国外学校去读书……我朋友的老公每年都会送给她价值不菲的生日礼物，而我却是全家出去吃一顿就算了，点菜的时候还得顾着老公和孩子……我家的厨房太小了，影响了我的厨艺，我想换个大的……”

这位女士还未抱怨完，我便到站下车了，不过我们可以试想，如果让她从小生活在大山里，连楼房、汽车都不曾见到过，长大后让她背着蛇皮袋子进城洗盘子，儿女只能在打工子弟小学借读，每日住在郊区的平房或者地下室里，这位女士的心情又将如何？人生就是这么不公平，我们认为最有理由抱怨的人往往一言不发，而这些已经生活得很好的人却还在强烈地表示不满，这只能说是她们的心理在作怪了。生活原本很简单，生活本不该复杂，是人们在私欲、面子、虚荣心和盲目攀比之中，自己把自己的生活复杂化了。

从美容的角度来看，女人变丑的那刻一定是从抱怨开始的。

当一个人抱怨生活不如意、工作不如意，甚至丈夫不如意的时候，无论是言语还是神情，一定都处于一种纠结的状态。心若打不开，表情就是一种拧巴的状态，那样的状态，我们想想能是美丽健康的吗？

心理学家说过：“如果抱怨超过一个度，会让你积怨更深，压力更大。”心理对身体的影响超出了我们的想象，而不少人因为眼界跳不出困局，从而越陷越深，这样只会让负能量层层叠加。有位哲人说：“这个世界上最多的‘东西’不外乎两种：穷人和抱怨，而且两者之间存在着鸡和蛋的关系——贫穷（抱怨）孕育了抱怨（贫穷），抱怨（贫穷）又孵化了贫穷（抱怨）。人们越穷越抱怨，人们越抱怨越穷。”这句话虽然有失偏颇，但也有一定的道理：我们之所以抱怨，就在于我们认为抱怨能为我们带来某些好处，如同情、认可和优越感。但就像哲人说的那样，事实上我们不仅“越抱怨越穷”，还会由于抱怨招致一连串的麻烦。到头来，我们反倒成了抱怨的最大受害者。

所以，聪明的人会努力开拓视野，提升认知，充实自己，内在不较劲，外在不抱怨。

有一种境界是，“当世界无情时我多情，当世界多情时我欢喜”。

不抱怨的人生，自会得到最好的成全。

我们每个人都足够幸运：

能够从事自己所爱的工作

有健康的父母和可爱的孩子

有那么几个可以惦记和倾诉的朋友

有自己小小的梦想

时常会有些意外的心动

可以吃到自己喜欢吃的零食

可以去看自己想看的电影

可以发现那么多心灵契合的歌曲

可以随意地喜欢不同人、不同事物

可以轻松地调适自己的心情

可以不压抑地讲出自己的真心话

偶尔掉掉眼泪、洗洗眼睛

不时打打坐、内观自己

所以，想想我们身边的这些“小幸运”，我们没有理由去抱怨。在这个不能苛求别人的世界，我们只能苛求自己：苛求自己对家人、对爱人、对朋友，以及身边所有的人都好一点儿，更好一点儿。当你找到了自己深藏已久的爱心，当你学会了欣赏和付出，你自然就远离了苛求和抱怨。

第七章
婚姻，一场彼此成就的修行

家庭是道场，自己先修行

家，永远是令人无限眷恋的地方，是远征的人回来抖去一身尘土与疲惫、放心休憩的港湾。家还是情感交流的驿站，在这里人们可以自由自在地交流。家，永远是我们前进的动力和事业的后盾。

如果把家比喻为一个道场，那么每一对婚姻中的男女，就要有信徒般的虔诚，知道家需要供养，组成家的人需要修行。这样，家才会越来越好，家庭成员才会越来越顺。

常言道：百年修得同船渡，千年修得共枕眠。原本陌生的两个人，穿越茫茫人海找到彼此。在我看来，此生能结为夫妻就是最深的缘分和最好的修行。夫妻之间，把你最好的给对方，真心欣赏对方的一言一行，让对方能接纳你的爱。时时想起，一颗感恩惜缘的心，将会给自己和家人带来无限欢喜。

幸福的家庭会让人产生归属感、支持感和舒畅感。归属感：欢乐，有人共享；痛苦，有人分担。家是人们心灵的港湾。支持感：当你在人生的大海里航行，家庭的所有成员为你搭建起了永不沉没的航母。舒畅感：回到家，你会卸下那一道道面具，或躺或立，或哭或笑，还自己一个真实的自我。

无论是归属感还是支持感，都是彼此为对方营造的。否则，一回家就争吵、挑剔，互相指责，那么家就会变得鸡飞狗跳，更谈不上舒畅感。

假如，一对夫妻在一起生活，只想着让对方包容自己、接纳自己、容忍自己。那么，如果一方有令人难以忍受的缺点，还不愿意承认，更不愿意改正，只要求对方适应，这无论怎样都难以让人接受。接受不了，就不会认同对方的缺点，此时，再要求去磨合，也会有困难。很多有矛盾的夫妻，大多不肯正视自己身上的错误，以一种打死都不改的态度要求对方服软、接纳和包容，这是一种固执且幼稚的处理问题的心态。

所以，想要让家变得温暖，需要自己先修行。女人应该是家里的“定海神针”，一个有格局的女人会给家带来不一样的风水。

其实说到夫妻关系，我想说说我的经验。我之前也学习过婚姻家庭的课程。回到家以后，我总觉得自己的爱人这个地方不对，那个地方不妥。甚至会跟爱人说，你应该这样做，应该那样做，讲了一大通道理，我想用我所学的东西改变他。而事实证明，我这个方法不太妥。因为我的潜意识里还是想改变我的爱人。我借着自己所学，想要指点对方，就已经站在了道德的制高点，而把对方放低了。这样的话，对方只有两个选择：要么认同你——这样一来，他就更低！如果不认同你，那他只有选择反抗了！所以，在夫妻关系里面，人格是平等的，千万不要总把我们自己放得太高，一放高，对方就低了。所以，夫妻之间，唯一要改变的是自己，修炼自己。或者说，一个女人真正的成长，修炼自己才是关键，才会在内心对自己的另一半多一分尊重和理解。

随着阅历的不断提升，个人状态的不断成长，我慢慢悟出了一些东西。婚姻就是一场自我修行，在这一场修行中，你要不断地去认识自己身上的错误。最重要的是，你要明白一点，对于婚姻和爱情，你和谁在一起，结果都一样。

很多人在婚姻中最常犯的一个错误，就是想要改变对方，觉得对方和自己想象的不一样，没有自己想象的那么完美。其实人无完人，不是谁都是十全十美，并不是谁都能满足你所有的幻想。不要总想着，换一个人结婚就会幸福，其实换一个人结果还是一样。唯有提升自己，让自己变得优秀，最终的结果才会不一样。

改变自己是神，改变别人是蠢

《爱的颂歌》里说：爱是恒久忍耐，又有恩慈，爱是不嫉妒，不自夸，不张狂，不做害羞的事，不求自己的益处，不轻易动怒，不计较人的过错。

如果婚姻中的两个人能像《爱的颂歌》里说的那样去做，那么，收获的一定是天长地久的爱和彼此珍惜的情，而不会是中途夭折的感情和婚姻。幸福婚姻的秘密就是学会改变自己。有句话说得很好，“改变自己是神，改变别人是蠢”。

改变别人，就是压迫别人，哪里有压迫，哪里就有反抗。说到底，改变别人还是想用一种自己认为对的想法，逼迫别人认同或做出让步。

夫妻关系中我们总是先入为主地认为自己是对的、这么做是有好处的，所以不由自主地想让身边亲近的人也和自己一样。强势的一方往往以改变对方为乐，总觉得自己是对的，对方应该按照自己的意愿来。

在婚姻中的双方，一般都以自我为中心，提出自己的主张，想要改变对方或试着说服对方改变以适应自己的需求。结果是对方回敬更大的不耐烦、怨恨、粗暴和冷漠。换句话说，他们用自己的自我中心来反击对方的自我中心。

之所以想要改变别人，其根本原因还是在于，总看到别人的错误，总想用自己认为对的方法去改变别人：人之所以烦恼，在于一睁眼看到别人的错误，一张嘴说别人的是非，而从来看不到自己的不足和错误。

看不到自己的问题，没有改变自己的决心和能力，这才是两性相处中最大的忌讳。

比如，妻子嫌丈夫对自己的父母不敬，却没有想过自己对公婆不孝；丈夫嫌妻子总爱抱怨，却没想过是不是自己没有做到让妻子满意；一个非常希望妻子在公众场合尊重他的男人，无法接受妻子当着朋友的面嘲笑他；一个需要很多赞美的女人，丈夫的冷漠会让她崩溃。之所以有这些反应，都可以归结为个人修为不够。有句话说得好，不是你的事儿多，是你的格局不大。

婚姻中的两个人，如果在发现问题的时候，都先从自身找原因，努力、刻意地去认识自己的配偶并且爱对方，这是一切美满婚姻的基础。每个人用爱和肯定的力量，当对方有问题的时候，不去想着让对方改变，而是静下来想想自己有哪些不足、哪些过错导致了对方这样的反应，意识到自己身上的问题，从而不把事态扩大化，带给彼此的是益处，而不会毁掉或逼疯对方。

来看一个案例：

妻子非常强势总想改变丈夫，丈夫苦不堪言总觉得自己没错，为此，他们总是相互指责和抱怨。丈夫一想到以后几十年的时光，就觉得继续走下去太艰难；可如果离婚，孩子怎么办呢？

丈夫试探性地问儿子："爸爸妈妈分开好不好？"儿子说："不好！"

丈夫继续劝儿子说："妈妈总说爸爸不对，爸爸也总说妈妈不对，与其在一起吵架，还不如分开。”

儿子摇摇头，认真地说：“我以前跟同学吵架，老师就说我，你别管别人怎么样，先把自己的臭毛病改了再说！爸，我觉得您别管妈妈怎么样，您应该先把自己爱喝酒、爱打牌的毛病给改了！”

儿子的话让他愣住了：他一直在等待妻子改变，却从来没有想过自己先改。他想：妻子怕是也这样想吧？他决定戒酒戒赌，就算是为了儿子，以后说起来，对儿子也有个交代。

他从没想过要戒掉一个习惯会这么难受。朋友们一招呼他，他就按捺不住，总想着就玩儿最后一次。可是自己又不能食言，于是就非常痛苦地在家里转悠……

妻子看他这样，轻蔑地说：“你这又是在折腾啥呢？”她不信他能戒得了。他在心里暗暗发狠：你等着吧，等我不玩儿牌了，第一件事就是和你离婚！

他把床铺搬到书房里，失眠时就看影碟，一夜一夜地生熬过来。她来整理书房，看见满满一垃圾桶的瓜子壳和满桌子的影碟，再看看他，瘦了一大圈，突然有些心疼起来。

于是，她特意去买了两盒安神补脑液，放到他面前：“每天晚上临睡前喝一支，总不睡觉人哪能顶得住？”他心里一动，像被什么东西柔软地拨弄了一下。

熬过了最初的半个月，他才觉得缓过劲儿来，也有心情辅导儿子写作业了。他和儿子在一起时，她坐在一边翻杂志或者为晚餐准备食材，安安静静的，不再像以前，一见到他，就控制不住要唠叨、要抱怨……

如今，她不唠叨的时候，家里是宁静的，宁静中有种温馨的情愫在流动，他的心暖暖的：这才像个家的样子嘛。

她对于丈夫的变化是欢喜的，每天的晚餐桌上都会有一道他喜欢吃的菜。他们刚结婚时，她让他列了个菜单，将喜欢的菜都写下来，她闷在厨房里，一样一样学着做。如果他说一声“好吃”，她就会像孩子一样高兴！可渐渐地，她没有心思再这样做了。

他们都在想：想当初，她对他是多么好，可从什么时候开始，她成了一个满腹牢骚又尖酸刻薄的女人了呢？是因为她对他不好，他才去赌的，还是他总赌，她才对他不好的？想来想去他也想不明白，但终究是一个巴掌拍不响，婚姻出了问题，两个人都是有责任的。他突然对她有了一些内疚，他想：那个说话柔声细语、满脸笑容的女子，如今却变得像个悍妇，我大概是有责任的。

而她看到他如此有毅力，竟真的不再赌了，而且还劝他的朋友也不要玩儿了，心里也很震动。她开始自我反省：是不是因为我对他的态度不好，他觉得家里没有温暖才总和别人赌博的？一想到这些，她对他突然多了一些体谅。

当两个人都有了自省能力时，就意味着他们婚姻中最坏的时光已经过去了。于是，神奇的变化发生了：之前他们想的都是对方的不好，可现在，脑海中都是对方的好。

结婚纪念日那天，他们带着儿子，美美地吃了一顿烛光晚餐。晚上，两个人并肩靠在床头，她抱着他的胳膊说：“你不赌博了，真好！”他顺势亲了亲她的额头：“你现在这个样子，也真好！”她笑了起来，把脸深深埋进他的臂弯里。

他本来并没有寄希望于她会变得温柔起来，但在他先改变之后，她竟然又找回了遗失很久的温柔。

夫妻之间是一个互动的关系，一旦有一个朝着好的方向行动起来，另一个也会跟着行动起来，形成良性循环。如果谁都不愿意先行动，那么婚姻里所遇到的问题将会成为一个死结僵在那里，最后成为顽疾，吞噬掉婚姻。

杨绛先生在《什么是好的婚姻》里提到："我在物质至上的时代潮流下，想提醒年轻的朋友，男女结合最最重要的是感情和双方互相理解的程度。理解深才能互相欣赏吸引、支持和鼓励，两情相悦。夫妻间最重要的是朋友关系，即使不能做知心的朋友，也该是能做得伴侣的朋友或互相尊重的伴侣。"

所以，能做互相尊重的伴侣，前提是不要总想着改变对方。自己先改变，对方就能改变；自己能成长才能影响对方一起成长。在两性的相处这一修行中，改变自己是最好的修行，有了这种修行，最终能实现自度度人。

女人决定男人是“英雄”还是“狗熊”

婚姻中的男女，是超越血缘的至亲关系，任何一方所做的事总会直接或间接地影响另一方。女人是男人成长的学校，如果“老师”好，男人就会变成一个“优等生”，反之，则会变成一个潜在的“差生”。

会鼓励学生的老师，差生也能变成优等生，常常打击学生的老师，好学生也会变得自卑。夫妻之间也同此理，如果妻子会赞美丈夫，他便会成为一个越来越自信的“英雄”，如果妻子总是打击丈夫，那么他即使雄心勃勃，最终也会被亲密的人打击成“狗熊”。

男人最害怕的事情，是被自己的妻子看不起，没有之一。

男人最期待的事情，是被自己的妻子崇拜敬仰，也没有之一。

事实上，在每个女人的心目中，最初都是抱着那种“我爱的人，一定是一个盖世英雄，驾着七彩祥云来娶我”的念头。而一旦真的被他娶回家后，却又在有意无意的贬低和指责中，把原本的“英雄”骂尿了，贬成了“狗熊”。

所以，女人决定男人是“英雄”还是“狗熊”。

我们看一个故事：

有一个男人，没考上大学，父母就给他找了个老婆结婚了，结婚后他就在本村的小学教书。由于没有经验，不到一个月就被学生家长联名要求撤了职。回到家后，老婆为他擦了擦眼泪，安慰说，满肚子的东西，有人倒得出来，有人倒不出来，没必要为这个伤心，也许有更适合你的事情等着你做。

后来，他外出打工，因为动作太慢，又被老板轰了回来。这时老婆对他说，手脚总是有快有慢，别人已经干了很多年，而你一直在念书，怎么快得了？他又干过很多工作，但无一例外，都半途而废。然而，每次当他沮丧地回来时，他老婆总安慰他，从没有抱怨。

30 多岁时，他凭着一点儿语言天赋，做了聋哑学校的辅导员。后来，他又开办了一家残障学校。再后来，他在许多城市开办了残障人用品连锁店，他已经是一个拥有几千万元资产的老板了。

有一天，功成名就的他问自己的老婆，自己都觉得前途渺茫的时候，是什么原因让你对我那么有信心呢？

他老婆的回答朴素而简单。她说，一块地，不适合种麦子，可以试试种豆子；豆子也长不好的话，可以种瓜果；瓜果也不济的话，撒上一些荞麦种子一定能够开花。因为一块地，总有一粒种子适合它，也终会有属于它的一片收成。

听完老婆的话，他落泪了！老婆恒久而不绝的信念和爱，就像是一粒坚韧的种子；他的成功，就是这粒种子执着而生长出的奇迹！

气度大的女人，无论在生活中面对哪些困难，都会临危不乱，就算男人失业了，也会第一时间照顾好家里人，变身女强人帮助男人共度难关。

故事中的妻子是有大格局的人，她深谙自己的力量可以影响自己的丈夫，所以她用宽大的心胸接纳着屡屡受挫的丈夫，用言语鼓励着最初不得志的男人，用智慧和格局把自己的丈夫变成了自己的“英雄”。

女人的“大英雄”，就是那个能够让你心里时时暖流涌动的男人，真心实意对你好的男人就是你的“真英雄”，他是你一生最好的依靠，也是你一生幸福的保证。所以，即使你爱的男人成不了别人眼中的“大英雄”，你也不要嘲笑他，放弃不切实际的期望，不必苛求男人事事勇敢，学着欣赏他可爱的一面，鼓励他，欣赏他，哪怕他就是一头笨笨的“狗熊”，也是因为他心中有牵挂，所以才万事多小心，让他看起来“笨”而已。

视男人为英雄，他便精力充沛；若把他看作“恶棍”或难题，他就会停止付出关爱。当女人认为男人本身就是问题所在时，他就不可能解决问题，也不会积极提供支持。当女人懂得信任男人，给他回旋的余地，而不是妄下结论时，她会发现男人变得更有爱心和深具支持性。从某种意义上来说，是女人的信任赋予了男人关爱的力量。

大格局“抬举”丈夫，小格局“抬举”自己

一个男人喜欢上一个女人可能有很多种理由，如聪明、漂亮、气质优雅、温柔贤惠等都是让人喜爱的优点。但真正爱上，并一直把女人当成手心里的宝，只有一条：那就是一个女人能令一个男人觉得自己更聪明、更能干、更强壮或者更性感的时候，这个男人就会对这个女人爱得死心塌地。

这说明什么呢？男人有着比女人强很多倍的自尊心和“面子”，他需要被捧着、崇拜着，那样才会散发着迷人的男性魅力，表现出自信、果断、勇敢的一面。

所以，大格局的女人懂得示弱，懂得去抬举自己的丈夫，把丈夫夸成“金刚”；反之，小格局的女人总是看不到丈夫的优点，总觉得丈夫不如自己，在不断抬举自己的过程中给男人带来的是毁灭性的打击，最后男人就可能真的变成懦夫。

在一期《我是演说家》节目中，一位商界的成功先生说：“女士们，不要认为好男人少，我就是，相反，我倒感到好女人不多，她们总是盯着男人的地位、票子、房子、车子，是否帅气，试想，哪一个男人生来就有钱有地位的？真正事业有成的好男人是需要女人培养的，记住，是

培养，而不是调教。这是两个有根本区别的词。没听说吗？每一个成功男人的背后都有一个女人在默默地支持他、欣赏他、捧着他。这种培养就是支持，而调教有挑剔的成分，总是按照自己的喜好来试图改变对方，不满意的时候就会抱怨和指责，这就是负支持，甚至是打击。”

这位先生是深圳一家媒体咨询公司的老板，他说：“在别人看来，我现在有自己的公司，年轻有为，是一个很不错的男人，可是，有谁知道，我曾经是一个不学无术、贪玩的无业男孩儿。”

这位先生高中毕业后，因没考上大学，一直在家待业，每天和一帮哥们儿要么打桌球，要么去舞厅。因为这个原因，谈了近一年的女友向他提出分手。“她和我同班，不过，她考上了大学，说和我不是一路人。这让我特别伤心，我决定破罐子破摔，心想反正自己就这样了”。该先生回忆说。

就在那个时候，他认识了与他住同一个胡同的凯丽，也就是他现在的妻子。“她也是一名落榜生，家里条件不太好，但是为人特别善良，我情绪不好的时候，她总是陪在我身边，有时候向她发脾气，她也忍着。”由于这位先生一直没找到合适的工作，凯丽便建议他做点儿生意，专卖电子产品。那时候，他每天下午出摊，妻子在工厂上班，下班后便过来帮他，直到半夜一起回家。因生意做得好，他有了第一桶金，有了属于自己的公司。“我之所以能这么顺利，有一半归功于我老婆。这些年，不管我在外面遇到什么烦心事，回到家，她总能找到各种理由开导我，而且，家里的一切，她都打理得非常好，真的很感谢她。最关键的一点，她是一个非常有智慧的女人，当初我挣钱不多的时候，她从来没有嫌弃过我，反倒是偷偷给我枕头下塞零花钱，在外人面前总是对我赞不绝口，说她找到我是福气，将来一定会享福。正是她这种对我的赞美，激起了我内心想要给她幸福的斗志。”现场他动情地说。

所以，有格局的女人能够意识到：

不能唠叨自己的丈夫懒，不求上进。言语是一把利刃，想把男人变成什么样的人，就说什么样的话。你说他是懒汉，他就会真的懒给你看。你说他是顶天立地的大丈夫，他就真的能变成大丈夫。

不要抱怨自己的丈夫穷。穷与富，不是一个固定的数。你可能住陋室，没有车。想想还有比自己更穷的人。穷有穷开心，富有富伤心，过日子今天比昨天好就幸福，而不是跟人比较得来的幸福。

不需嫌弃自己的丈夫不浪漫。生活中的柴米油盐夺走人脸上的青春，也会消磨掉年少的激情和浪漫，他做一顿饭就是浪漫，他能给孩子洗一次尿布就是浪漫。

所以，要像崇拜偶像一样崇拜自己的男人，让他很神圣，好男人是夸出来的。男人最接受不了的就是妻子对着自己说其他人如何强、如何好、如何有本事，好多男人的出轨都是被女人逼的。“我看你能不能找一个比我更漂亮的！”诸如此类刺激的话语不要说，而要说，你就是我心中的男神，如果没有你我的世界就是一片黑暗，你照亮我的整个生命！他会觉得自己独一无二。这将直接收获他的心！崇拜他就会拥有他！

对自己所爱的人，要“护短”别“揭短”

中国有句古话：“成人之美，不成人之恶。”可以说，成人之美是美德中的美德，也是我们中华民族的优良传统。凡是成人之美的话，诸如激励人心、善意的忠告等都是受人欢迎和尊重的。反之，若在与人谈话中，不但不成人之美，反而拆台、揭短，致使他人的兴致成为泡影，或者你在其中成为损人利己的受益者，那就注定要遭人唾骂。

俗话说：打人不打脸，骂人不揭短。如果说两个人一吵架你便说他（她）以前的糗事，他（她）揭你的伤疤，就这样揭来揭去，谁也不让谁，谁也不服谁，夫妻感情早晚也会被揭没了。过去的事情毕竟过去了，而且当时也解释清楚了，误会也消除了，如果每次吵架还要拿出来揭对方的伤疤，往彼此伤口上撒盐，请问哪还有夫妻感情可言呢？反过来，如果夫妻之间能把原本不太好听的事情变个说法说好听了，知道替对方遮掩护短，那么感情也会越护越深。

夫妻之间好好说话非常重要，也是维护幸福婚姻的最基本因素。小到夫妻间的小调侃，大到家庭会议，如果不会说话往往会引发很多潜在的矛盾。

比如，丈夫说：“老婆，放三天假我们出去钓鱼吧？”妻子随口答道：“钓什么鱼啊，又买钓竿又买饵的，还要花时间坐在水边，多无聊，还不如买条鱼炖了吃多实惠，你净想着花钱花时间，有那工夫不如陪我逛街。”丈夫听到这里，肯定不太高兴，会想，妻子逛街花时间，买衣服花钱就不说，自己想来点儿休闲项目就被说成浪费钱花时间。

假如，妻子听到丈夫说想钓鱼，换个说法：“早就应该出去放松一下，地点你选，我陪你去，如果嫌我碍眼你就找你的哥们儿一起。花多少钱都没关系，男人也不能总是工作挣钱神经紧绷，放松一下挺好，鱼钓回来我们炖着吃。”我想，任何一个丈夫听到妻子这样说，都会在开心的同时，想想自己要不要去钓鱼，说不定一开心就陪妻子逛街了。

所以，夫妻之间会说话，会更容易幸福。而那些不幸的家庭，日复一日的争吵和矛盾，多半也是由不好好说话开始的。

比如，本来妻子只是想让丈夫关一盏灯，却一开口说成：“你开那么多灯干嘛？不浪费电？！就不知道考虑下别人！”本来妻子只是想提醒丈夫外面下雨了，尽快收衣服，结果一个电话打过来，却成了质问：“你在干嘛？外面下雨都不知道？真不想事！”本来当妈的只是想提醒儿子，考试可以更加认真和仔细，结果一张嘴成了：“你这眼睛干嘛用的？跟你爹一样瞎！”这样的话听着都像“揭短”，不但让对方听着不舒服，日久天长还会变成打击别人积极性的负面言论。

讲得直白点儿就是要学会为对方护短，能够护短的才是真爱。爱就是包容，别为难对方，别挑剔对方，别指责对方，一路相伴才是大爱。你可以用自己的合理方式去影响对方，但不要大声责备，甚至是去攻击对方的弱点。

永远不对爱人说重话，伤得太重的心就算复原了也会有痕迹。永远不去做破坏气氛和心情的事。好的爱人，会给对方成长的空间，护短也是爱！

另外，夫妻斗嘴不翻旧账也是十分重要的。夫妻二人过日子就像儿时的“过家家”。如果发生纠纷避免不了吵架。在这种时候，夫妻双方要就事论事，不要陈谷子烂芝麻的都往外倒。每个人都有过失败或犯过错误，双方既然有缘结为夫妻就要不计前嫌，接纳和包容对方。人在气头上容易口无遮拦，这就要求另一方，尤其是丈夫忍一忍，不要针尖对麦芒，学会忍让、迁就，等对方消气后，再心平气和地动之以情晓之以理。

信任和理解是幸福婚姻黏合剂

在亲密关系中，一拍两散是最容易做到的，而一拍即合是需要能力去经营的，什么是幸福的黏合剂？就是信任和理解。

同样的一个人，因为被别人信任和理解，被别人爱，从而变得强大和有责任心；反之，如果总是不被理解和信任、不被爱，即使很有能力，也无法施展出来。

有一次同学聚会，当年被称为校花的小敏听到同学说起阿强现在当了某五百强企业的项目执行总监，年收入八位数，而且为了让孩子得到更好的教育，把妻子和孩子移民去了新加坡。小敏惊得张大了嘴巴。什么，不是开玩笑吧？结婚生子、升职加薪、移民？怎么可能呢？这个曾经被自己视为一无是处的男人，不负责任，不懂心疼女人，最终被自己毫不留情放弃的男人怎么现在会过得如此幸福，成为大家羡慕嫉妒恨的优质股？小敏想不通！

小敏想着当年被自己放弃的阿强如今的辉煌，心里很不服气，明明是个特别不着调的人，怎么可能就摇身一变成为优质好男人呢？在小敏的心里，当年的阿强没有上进心，爱玩网络游戏，挣钱不多还小心眼儿，同居的时候，家里水、电、煤气等日常开销全是自己掏。一说他，他还甩脸子发脾气，家里经常是争吵不断，她总骂他不求上进，没出息，白白生为一个男人却活得不像个男人。日久天长，小敏总是用自己认为最难听、最解气的话骂阿强。因为不理解也不信任，带着最不安全的心，小敏考验了阿强三年，最后的结果就是同居了三年不欢而散。

如今的小敏，已经离过一次婚，目前仍是单身状态。想到自己的恋爱史，她非常沮丧，觉得自己就是命中注定，总遇不到好男人。再说说阿强，当初他爱上小敏原以为能过幸福美满的生活，结果同居期间，小敏不是耍小姐脾气就是一天到晚看不到他的优点，横挑鼻子竖挑眼，以为全天下最渣的男人让她碰上了。阿强最受不了的就是小敏说："碰到你，我是倒了霉了。我的命真苦，那些当年不如我的女生，现在都嫁了大款，老天就跟我过不去。"被这样打击的时间久了，阿强离开了小敏，让她去找她未来的"大款"。

一年后，阿强遇到了自己现在的妻子，这个女孩跟小敏简直就是两个类型。无论阿强做什么，她都觉得好，炒一盘不咸不淡的菜，她也吃得津津有味。阿强一开始在一家基金公司当业务员，一个月只能拿到1000多元的底薪。但妻子总说来日方长，总说阿强一定是块金子，总有发光的一天。就这样，原本在小敏眼里和嘴里的渣男，却在另一个女人的欣赏和赞美下变成了优质潜力股，一年比一年赚得多，还考取了基金从业证书，三年时间就做到了项目经理。阿强一路飙升，当上了基金分公司一把手，再到最后就成了开头大家议论的样子。阿强变好了，他的妻子也幸福地当着女主人，每天相夫教子，其乐融融。

阿强还是同一个阿强，但遇到不同的女人便有了不同的结局。所以，婚姻这座堡垒绝不是固若金汤，恰恰是危在旦夕，城内危机四伏，城外虎视眈眈。女人前有埋伏后有追兵，连个喘气的机会都没有。为了加固你的城池，让婚姻这门生意双赢，让你们彼此是这桩买卖最佳的获利者，你既接受他，就要给他充分的理解、信任和尊重。爱他但不苛求他，疼他但不约束他。

女人的坦诚和真情，让男人不胜欣慰。男人也离不开女人的信任。女人承认他的价值，相信他能为她的幸福竭尽全力，男人的爱情需求就可以得到满足。男人于是雄心勃勃，更加关心女人的感受，致力于给女人更多的快乐。

当女人在两性关系中受挫，很容易变得不信任和不理解对方。而且，当男人对她的失望和沮丧视若无睹时，她很快开始怀疑男人对她的爱。同样道理，如果男人在两性关系中不被理解和信任，他会停止付出关爱。如果他觉得自己讨好女人的能力受到怀疑，他很快便不再关心女人快乐与否。

理解和信任，这两种基本的情感需求具有互补性和促进关系。先有理解就会生出信任，建立了信任就会生出更多的理解。

所以，当我们想要收获美好的婚姻和爱情时，先要学会去理解和信任对方。

成熟的人明白“示弱”不是“懦弱”

示弱，字典里的解释是：表示自己软弱，不敢同对方较量。在如今这个个性张扬的时代，每个人都像装了枪药打了鸡血似的，一个比一个充能显摆，示弱的人越来越少见。其实示弱是一种大智慧，它展露的是宽广胸怀和谦虚态度，体现的是理智风度及务实精神，收获的是团结和谐与长久胜利。

水柔软无比，可是一旦汹涌起来，能冲毁堤坝，摧毁房屋，淹没农田，柔中带刚。示弱不是真正的软弱，而是权宜变通之计；示弱不是妥协，而是一种理智的忍让。我们要学会以柔克刚，学会示弱。

现在越来越多的女人把自己称为“女汉子”。这几乎成为一种时尚。生活中总有很多这样的女性：能干、才貌双全、钱也挣得多。在单位当领导，回家还是老总。她交代的事情，爱人必须马上照办，而且必须在规定时间内全都办好。其实很多的女孩是装女汉子，表面上的强悍实际上是为了掩饰内心的某一种脆弱。因为，女人最高段位的智慧是懂得示弱，而示弱本身并不弱。

学会示弱的女人，大事当前表现出来的坚强远远超过男性。但是如果她事事好强，样样表现得很能干，却未必能得到爱情的福音。男人跟男人不一样，女人跟女人大不相同，知道什么时候逞强，什么时候示弱，那才是一个女人的爱与智慧的表现。

当我们想让自己的爱人做一件事情时，也许我们用的态度都是：“老公，我今天不舒服，你能否把碗洗一下呢？”如果是示弱的人，对自己有一个客观公正评价的女人，相信自己，也相信他人的女人，她说出这句话的时候，言辞是恳切的，态度是真诚的，心灵是温暖的，让对方听着是舒服的。如果是一个软弱的女人，她说出这句话的时候，即使言辞也是恳切的，但心里是带着一些要求的，不认可的，甚至带着你今天如果不洗碗就代表着你不爱我的感觉，让对方听着不舒服。每个人都是读心的，对方一定能够通过你的这句话感受到你的用心，你自信，相信他，这才是示弱。

我们来看一个故事：

朱朱丈夫出差走了两天。当时正好是三伏天的中伏，外面就像桑拿房，每个人都恨不得天天关在屋里开上空调。结果丈夫走的第二天家里空调就坏了，朱朱就给丈夫打电话，问他：“空调坏了，我是直接打电话叫人来修还是等你回来看看？”得知丈夫第二天下午就回，于是朱朱忍着燥热等他回家。丈夫回来了，他出差挺累的，但也觉得空调修不好太热，于是马不停蹄地搬了把梯子就开始修。结果捣鼓了半天，满身是汗，空调依然没有任何反应。他越弄越烦躁，最后彻底放弃，从梯子上爬下来。朱朱问他怎么样？弄好了吗？

结果，只见丈夫皱着眉，劈头盖脸就对她说：“我在家天天用空调都没坏，怎么我刚走，你就把空调搞坏了？！”

朱朱一听就火了，又委屈又生气，心想，这么说太过分了吧，空调正好这个时间段坏了，只不过我碰上了，关我什么事！

她刚想反驳，突然看到丈夫满头的汗珠，马上意识到，他那么累也没修好，本来就很有挫败感，这个时候不应该说过激的话，更不能逞强，而要示弱。于是，她递了条毛巾给丈夫，并说："我也不知道怎么搞的，空调跟你一起出差了，老公想着回来，空调泡妞去了。"说到这儿朱朱乐了，丈夫抹了一把汗，也乐了，脸上本来有些因空调修不好而恼怒的表情也一点儿点儿舒展开来。本来就要爆发的一场争吵，因为朱朱一句话被智慧地化解了。丈夫也意识到自己刚才说话的态度不好，于是对朱朱说："对不起老婆，我刚才不应该指责你。"最后两个人一致决定，给空调厂家打电话。

想一下，如果那一刻朱朱不是示弱，而是逞口舌之快，任由自己的自动化反应发生会怎么样？当她丈夫对她说："我在家天天用空调都没坏，怎么我刚走，你就把空调搞坏了！？"

朱朱说："有病，这种事儿能怪我吗？你有本事不也没把空调修好吗？"（狠狠一戳，正中靶心）

丈夫被戳中了正想掩饰的部分，更生气了："我跟你说过多少次了，电器插头用完要拔掉，你就是不改，你要不这样空调能坏吗？我出差累得半死，回来都没休息一下就修空调，你什么态度！"（控诉）

朱朱看他翻旧账更生气了："又不是我要你修的，还不是你想逞能，是你自己说不用打电话的，自己爱逞能怪谁啊！"（再狠狠一戳）

不用说，一个比一个强势，最后就会吵翻天，坏的就不只是空调，还有两人之间的感情。

新时代的女性，不仅产生了很多女企业家、女运动员，甚至还有女总统、女国王等元首级人物。不过就算女人再强，她们的心也都是柔软的，也同样渴望男人的呵护和爱。所以不管是什么性格的女人，在家庭中都要学会适当地示弱，这样才会感动丈夫，消除隔阂，得到更多的爱。

喋喋不休是最不体面的事情

喋喋不休就是那种听着让人恨不得马上消失的"唠叨"。从词语的组词上看，"唠"就是用嘴巴在劳动，"叨"是心口上的刀。唠叨其实是我们用嘴劳动，过度地使用嘴巴，用嘴巴"做事"，却只顾"做事"，没顾"做人"，忽略了别人的内心，将嘴巴变成了别人心口上的刀，怎么能不带给他人痛苦呢？

要说男人最害怕的不是女人生气，也不是女人去商场各种的购物，而是一言不合就唠叨。虽然作为女人感觉不到，但是一旦女人在男人的耳边说个不停，男人就会变得非常烦躁。加上女人都是有攀比心理的，尤其是和好朋友或者邻居闲谈时，一旦听到自己的朋友向自己炫耀她们的丈夫多么有钱，对她们是多么好，虽然嘴上赞美人家，心里却是非常羡慕的。等到回到家里以后就会在丈夫面前各种唠叨，让丈夫烦不胜烦。

看过《大话西游》的人应该对悟空气得骂唐僧的那段话记忆深刻：这个家伙没事就长篇大论，婆婆妈妈，叽叽歪歪，就好像整天有一只苍蝇，嗡……对不起，不是一只，是一堆苍蝇围着你呀，嗡……嗡……嗡……飞到你的耳朵里面。救命啊！救命啊！（悟空倒地翻滚，异常痛苦）所以呢，我就抓住苍蝇挤破它的肚皮，把它的肠子扯出来，再用它的肠子勒住它的脖子用力一拉，呵——整条舌头都伸出来啦！我再手起刀落，哗——

整个世界清净了。

唐僧的碎碎念都能让忠心耿耿的爱徒起了杀念，何况是现实中搭伙过日子的夫妻。如果一方总是喋喋不休，那么不但会让另一方心烦，而且会使其心生反感，碎碎念就成了婚姻的紧箍咒。

男人喜欢沉默，遇事不喜欢喧哗，喜欢独自解决问题。男人偏向逻辑思维，自远古时期开始，男人的任务是捕猎，获取食物，直指目标和结果，倾向问题的分析和解决，他们看重最终的结果。男人在遇到压力和挫折的时候，喜欢陷入自己的内心世界，独自去面对和化解，而女人在遇到问题的时候，喜欢找个人倾诉，说出来，或者吵闹，之后，或许就化解掉了这种情绪。所以，女人更倾向于表达，倾向于说上没完没了，甚至因为一件小事情也会抱怨和渲染得惊天动地。

现实生活中，能让女人喋喋不休的事情实在是太多了。比如，女人花一整天把家里收拾利落了，男人却不到10分钟就把家弄成了“狗窝”。然后女人就要数落一顿，从不爱干净数落到不体谅自己，再数落到家教不好等。比如，由于内心的攀比心理形成的喋喋不休，“谁的老公又带她去旅游了，你却三年没带我出过这座城”“谁家买第二套房子了，我们却还在租房住”“谁家的婆婆帮忙带孩子又给钱的，自己家的婆婆从来什么都不管”……

日常生活中的夫妻抱怨远不止这些，甚至会上升到人格上的侮辱。比如，妻子抱怨丈夫，“你咋那么无能呢，你看人家隔壁老王”；丈夫抱怨妻子，“你咋就不会化妆也不会打扮，看看人家小丽”。这样的抱怨，我相信接下来一定是“海啸”。即使不是“海啸”，也一定是“地壳”在运动，某一天就会“火山”爆发。

有一个男人曾这样诉苦：“我工作一天感觉很累，想回家坐在沙发上喝杯茶，忘掉一天工作中烦心的事。没想到一回家妻子就唠叨上了：‘你总是空手回来，也不顺便买点儿菜，就知道张口吃……’本来就事多心烦，没想到我妻子的一番唠叨让人愁上加愁，心情急剧恶化。于是就和她顶撞起来，造成双方情绪都不好，温馨的家庭气氛也被破坏了。”

作为女人，尤其是婚后的女人，要懂得从男人的角度考虑问题。男人想要的不过是温馨的日子而已，而女人总是纠缠一些小事，因此带给婚姻生活很多烦恼，这也是男人最忌讳的。在一起相处过日子不妨抛开那些鸡毛蒜皮的小事，好好地过清净日子，既是修自己的心，也是给自己的婚姻造福。

生活是自己的，过得好不好只有你自己知道。一个人幸福与否完全取决于你自己，有格局的女人一定是一个懂生活、懂得如何经营家庭的人，那么你的家庭自然是幸福美满的。即使偶尔也会经历一地鸡毛的生活，但不会让自己陷于喋喋不休的状态中，把自己逼成野人，把对方逼成疯子。

恶语相向，情爱两伤

如果说喋喋不休算抱怨的一种，会让人觉得不体面、没有格局，那么恶语相向就是一种更加伤人的行为。就像《名贤集》里说的："良言一句三冬暖，恶语伤人六月寒。"

比如，妻子对丈夫说"你看看那谁谁谁家的老公，再看看你"；比如，"要不是因为孩子，我早跟你离婚了"；比如，"说了多少遍都不改，我看你是没救了，算我倒霉"；比如，"我看你就是个窝囊废，窝里横"……

诸如此类的言论就是恶言恶语，要么是拿别人的老公对比，要么是轻视，要么就是彻底地贬低。这种状态下，男人会如何？要么是奋起反抗说更难听的话来回击，要么是沉默对抗，要么会上升到武力解决。无论哪一种，都是对感情的挫伤。

在夫妻的角色中，作为妻子的往往倾向于话多一些，批评、指责多一些，因此容易使丈夫的心中产生一种厌烦情绪。

多数女人的语言表达能力天生强于男人，故比较容易在语言上伤害男人。女人的内心往往是为了追求男人的爱，一旦得不到爱，就不会去尊重自己的伴侣。表现出来的，轻则抱怨，重则恶语中伤。而男人，当他没有感受到尊重时，要他去爱女人也是不可能的。这样就形成了一个怪圈，她想要得到他的爱，得不到，她开始抱怨、批评、指责。而没有得到尊重的男人，你要让他欢天喜地地来爱你，这不是开玩笑吗？所以女人需要口下留情，尝试和风细雨、温侬软语，不要用尖刻的语言去伤害对方了。

指责和恶语相向说到底还是想要改变对方。营造幸福婚姻，需要互相影响，而不是强行改变。比如，妻子想要丈夫帮忙做家务或者照看孩子，不能直接说："你看你从来不做家务，从来不陪孩子。"这样说丈夫会很反感，如果这个时候妻子夸奖他说："老公，我和孩子想吃你做的饭了，孩子想让爸爸陪他写作业。"说完之后我们就算不要求他去做，有些男人也会自己主动去做。

伴侣之间互相影响的过程中，往往会鼓励和奖励伴侣做得好的行为，伴侣做了某件我们喜欢的事情之后，我们要发自内心地赞扬，而不是觉得理所应当。咄咄逼人地去要求和指责，往往对方会觉得厌烦，从而会变得更加"不可理喻"。

其实只要我们每个人都朝着好的方向发展，过不了多久我们就会影响自己的伴侣，然后我们的伴侣认可我们，他会去改变，这个改变是他心甘情愿的，不是我们强求的。

语言是门艺术，学得透彻有很大难度，但我们需要用到的技巧很少。

我们常常以为和亲密的人说话是最随心所欲的，殊不知，如果随心所欲地发出恶言，杀伤力也是最大的，恶言都是出自最亲密的人。在路上和陌生人发生了摩擦，不管别人如何锋芒相向，自己也能面无表情地回怼。但如果是和亲密的朋友家人，往往会被伤得更严重。

美好婚姻中不仅不能有恶言恶语，还要有一种境界，那就是：在最无助和软弱的时候，在最沮丧和落魄的时候，有她（他）托起你的下巴，扳直你的脊梁，鼓励你坚强，并陪伴你左右，共同承受命运。那时候，你们之间的感情除了爱，还有肝胆相照的义气、不离不弃的默契，以及铭心刻骨的恩情。人其实有一个强大的能力就是，选择放弃得理不饶人的这个行为。更何况夫妻之间根本没有最正确的理，只有最真的情。

女人要“强大”不要“强势”

女人需要真正的强大，但这种强大不等于强势。强大是内心的笃定坚韧，而强势，不过是外表的虚张声势，还带着色厉内荏的不自信。就像“狠”角色，“狠”不是凶狠，而是“有型”，内心拿得起、放得下、立得住，总是自信地走在自己的道路上。至少，女人的强大与强势不是一回事。

自从女人能顶半边天以后，无论是在职场上还是生活中，强大的女人随处可见。因为这种强大，也促使很多女人变得十分强势，在外是领导，回家也是领导。因为太过强势，反而把男人阳刚和勇猛的一面渐渐消磨。

比如，有一个搞销售的女人工作能力很强，有了孩子以后依然没有放弃工作，遇到销售旺季，她挣的钱相当于丈夫的好几倍，于是丈夫权衡了一下，自己辞职回家带孩子，让妻子上班挣钱保障家庭经济来源。最开始妻子很满意这样的安排，可是时间一长，就感觉“亏”了。每天早出晚归上班，回到家看到男人没有收拾好屋子，孩子的衣服也没有整理得干净利落，她就开始生气、发怒，从最初的发脾气扔东西，上升到拿东西扔男人。说男人钱也挣不来娃也带不好。丈夫也很委屈，觉得自己作为一个男人屈尊回归成一个超级家庭妇男，妻子不但不理解不体谅还以武力对待。一次两次，等到第三次妻子又发飙的时候，丈夫提出了离婚。妻子也不能接受，她认为自己像个男人一样扛起了家庭的担子，这个男人怎么就不体谅自己呢？

其实，在我看来，就是因为女人没有把强大和强势搞清楚，或者错把强势当成了强大。当她把这种强势表现出来时，在不理解男人的基础上还进一步伤了感情。

真正强大的女人，在外可以雷厉风行，回家依然是小鸟依人。在外面可以挣得多，回家依然是丈夫的妻子、孩子的母亲，而不能把自身的这种强大变成一种强势。

家里，只有分工的不同，没有人格的不平等。社会向前发展，女人可以出去创业，男人也可以回归家庭养育孩子，这并不矛盾。关键是要有格局，真正体现出内在和外在双重的强大。

对于个性比较强、容易让自己变得强势的女人来讲，即使遇到再温文尔雅，再相敬谦让，或者再性格懦弱的丈夫，如果她总是表现得强势，时间久了也不行，因为男人也是有心理底线的，在绝大多数情况下，男人的谦让和懦弱只是在家里，只是不想跟妻子因为那些鸡毛蒜皮的小事而经常发生正面冲突，相敬如宾是每一位做丈夫的理想境界。所以，作为妻子，千万不要轻易试探男人，千万不要轻易触碰丈夫的内心底线。

强势女人不等于强大的女人，我们所说的强势，更多指的是性格上而不是事业上。很多女强人在工作中是“铁娘子”，回家就变“小娘子”，反倒婚姻很幸福。

因为这类能把事业做得风生水起的女人一定是有格局的人，知道自己的成功离不开丈夫的协助和支持，所以，即使自己赚的钱很多，经济地位很高，也不会表现得非常强势，更容易从内心体谅丈夫，不让他产生自卑感。相反，有些女人事业未必做得很大，但脾气很大，气势很大，特别喜欢在家里说一不二，这样做往往是没有格局的表现。

有人说：一等人有本事没脾气；二等人有本事有脾气；三等人没本事没脾气；四等人没本事有脾气。这有一定道理。强势的人往往就会发展成为四等人，没本事还有脾气，自己挣不来钱还嫌男人没出息，认为一个家里男人必须赚钱养家，从来不会考虑家是两个人共同的，需要一起经营和呵护。

女人的强势应该是一种能力，而不是一种脾气。能力是可以让自己做成想做的事情，但是脾气往往会把事情搞砸。大多数情况下，女人的强势状态就是一种泼妇的状态，别说是自己的男人，任何人都不会喜欢看到一个泼妇形象。所以女人应该懂得反思如何掌握好自己的分寸，可以把强势当成一种能力，但不要用强势去支配任何人，否则会给婚姻埋下雷。

婚姻需要先“爱出”才有“爱返”

有句话说得好：家庭的幸福，不在于锦衣玉食，而在于不争对错。家庭的幸福，不在于阔气富有，而在于不轻易指责。在我看来，只有爱在家里流动，才能有不争对错的胸怀和不轻易指责对方的感情。

爱一个人，只是嘴上说爱并没有什么实际意义。只有把爱落实到行动中，才能让爱真正凸显出来。既然用行动表达的爱才是真正的爱，那势必会耗费时间、精力、体力和感情，因为付出了爱而产生疲惫感，很正常。那种疲惫，或者说累的感觉，就是你真爱一个人的证据。这是有意义有价值的一种感觉。每个用心爱过的人，应该都能明白这个意义。

如果问：“真正的爱，到底是什么？”从不同的角度去理解，或许会得到不同的答案。但真正的爱，其实就是一种“付出”，或许有人会不理解这样的说法。我们不妨仔细想一想，真正爱一个人的时候，是不是会很用心，很小心翼翼地去做一些事。这个过程，其实就是一种“付出”。

美好婚姻需要先有“爱出”才能有“爱返”。世上没有无缘无故的爱，先有“爱出”，才有“爱返”。尤其用在两性关系上，我觉得是最好的注解。

有句话是这样讲的：有一种人，无论和谁结婚，都会幸福。这种人无论是男人还是女人，我想，能够得到这样称赞的人都是心中有爱的人。

一个人内心有爱，才有爱的能力，才能拥抱幸福人生。不管这个能力是什么，都一定是自己已经有的东西，可以再分享给别人一点儿，而不是自己某样东西少了去问别人要。当一个人内心没有足够的爱时，他是没有能力真正去爱别人的，相反，他会想要在一段感情中不断索取爱。

一个男人患了中风，左边的身子不能动了，心里十分痛苦。亲友们去安慰他。他说，我不害怕我的病治不好，我担心我的妻子留不住。没过多久，他的妻子果然离开了他。亲友们骂那个女人薄情。男人说，不要责备她，是我不好。

接着，他忏悔道：她做饭忙不过来的时候，我坐在电视机前无动于衷；她生病需要去医院的时候，我以工作忙为由让她一人前往；她买了件衣服，满心欢喜地问我怎么样时，我的眼睛甚至都不瞟上一瞟；她需要我陪伴的时候，我为了赢得上司的青睐，在办公室陪他们打扑克直到深夜；她想和我聊天的时候，我不是在电脑前忙碌就是困得想睡了，给她的时间少之又少。我们的婚姻早就因为我的这些行为而没有了爱，只是我原来没有感觉到。现在我左边的身子不能动了，我一下子感觉到了。

后来，有人把这些话说给了男人的妻子听，男人的妻子听后非常感动：既然他这么说，我也就回去吧。在女人的精心照料下，男人渐渐康复。

有一次，他们一起在黄昏中散步，女人问男人，怎么会想起自己的种种好呢？

男人说，当我的右手因蚊子叮咬而奇痒的时候，我的左手一点儿反应都没有，假若我没中风，会出现这样的情况吗？过去，你那么辛苦，而我却一点儿都不去分担，我想，这就是我不会爱、不懂爱造成的。

现在，他们已成为一对恩爱夫妻，因为通过那场病，男人发现了一套新的婚姻理论：夫妻应该像左右手一样。左手提东西累了，不用开口，右手就会接过来；右手受了伤，也不用呼喊和请求，左手就会伸过去。

假如一个人的左手很痒，右手却伸不过来，这个人的身体一定是中风了，或是瘫痪了。婚姻是爱情的身躯，假若一方不能主动去关怀对方，久而久之，随着不良状况的加剧，婚姻也会“中风瘫痪”。

很多夫妻之所以过着过着不爱了，过着过着感觉累了，走着走着走不下去了，大部分是因为内心充满的是要求、是限制、是苛求，而不是先去付出，不是理解和宽容，也就是说不是爱，而是索取。那返回来的必定也不是爱。

如果夫妻之间都懂“爱出”者“爱返”的道理，都知道想取之先予之的道理，我相信，天下就没有不幸福的夫妻。

夫妻之间如果能够时常怀着感恩之心来融洽人与人之间的关系，那么，我们就会由衷地感觉到每天的太阳都是那样的绚丽灿烂，每天的月亮都是那样的皎洁明亮，所有的星星都在向你微笑，所有的人都是那样的可亲可爱，夫妻之间更没有解决不了的性格不合等问题。

在爱情或婚姻中，聪明的人都能做到“累却不说累”，懂得去享受那种付出与收获的喜悦。“天天喊累”这种行为确实是一种负能量，不光是对对方的不尊重，而且这种负能量传染给对方之后，对方也会感觉累。对方的累不是因为爱情，而是因为看到自己另一半满身负能量让他（她）太失望。

你先成长，对方才能成长

在婚姻这趟车上，明明相爱的人为什么中途就下车了，走着走着就散了？本来说要白头到老的，结果中途就分道扬镳了，现实中，出现这种情况的婚姻实在不少。在我看来，起源都在于，以为找到了伴侣就放弃了自我成长。当一方停止了成长，同时会影响另一方的成长。因为，最亲密的爱人是彼此的榜样和镜子，你先成长，对方才能成长。

婚姻里，最不能停的是成长。当一个女人拥有无比的思想与智慧后，会让男人觉得，她不可小觑。而当一个女人停止成长后，思维方式渐渐走下坡路，看人看事的视角也会发生改变，心胸和格局也会慢慢变得狭隘。

男人也一样。为什么有的男人可以让妻子一辈子仰慕，因为他总在成长。如果男人的成长停止了，他就会被女人嫌弃，认为他不求上进，尤其是在女人不停成长而男人停滞不前时，这种无形的压力就会形成，轻则变得女强男弱，重则会让家庭失衡。

这世界上本没有对的人，只有在某个时刻合适的人。这个世界上不存在完美爱人，所谓的完美都是某个时间段的完美。而婚姻，永远是动态的平衡。今天的完美，如果放弃经营和制衡，就会变成明天的不完美，那么今天你眼里的“对”，也会成为明天的“错”。不要指望通过他来弥补你生命中的缺失，只有一个完好的自己、一个“对”的自己、一个不断成长的自己，才能吸引一个与你匹配的不断成长的男人，你们一起动态地相爱，有智慧地冲撞，从而修炼出美好的婚姻。因为一起成长的两个人，价值观才能慢慢一致。

试想，一对夫妻，如果妻子认为当一个职场女性才能实现自己的价值，丈夫却认为女人就该在家里相夫教子当家庭主妇才是正道，那么，两个人的认知明显不同频。

婚姻中的两个人，如果一个人认为成功就是必须有大房子、豪车，另一个人则认为成功是无论什么时候都能用坦然的心境面对生活，两个人明显价值观不对等。

这些看似是价值观的问题，都是精神上不匹配、心理不成长造成的。每个人都需要一个心灵契合的伴侣，你的一言一行他能够理解，他的一举一动你能够认同，两人之间有默契。更要懂得彼此的思维方式，才能最大限度地站在对方的角度去考虑问题。在婚姻这座围城中，要是没有思想的支撑，便是一座空城。

如果精神上高度契合，即使看到对方有缺点，也会像下面说的这样好：

“你老公有缺点吗？”

“有！多得像天上的星星。”

“那你老公优点多吗？”

“少！少得就像天上的太阳！”

“那你为什么还不离开？”

“因为太阳一出来，星星就看不见了！”

……

“你妻子有缺点吗？”

“有，毛病缺点一箩筐。”

“那她有优点吗？”

“优点有一车。”

……

所以，不论男女，只有双方一起成长才能用积极的眼光看待彼此，即使对方的身上有很多自己看不惯的缺点、忍受不了的毛病，也会看到对方的闪光点，我们就会忽略对方的那些不足。

我常讲，婚姻假如是开一辆车的话，我们刚进入婚姻的时候都是新手上路，难免遇到难行的路和糟糕的路况，只有经过不断的上路实践，才能修炼成一个游刃有余的老司机。

而在实践的过程中，难免遇到轻微剐蹭，只有彼此坚信自己能成为一个合格的司机，才会心平气和地开车。婚姻中，我们都对彼此树立了要求，要求对方神奇般地转变为理想伴侣。我们固执己见地让对方改变其实并不奏效，有时候只会引起更大的张力和更多的争吵。小小的争吵能慢慢积累成大的矛盾，必须把负能量的火苗及时掐灭。真正变成老司机，维系婚姻的深度和长度来自彼此的真心接纳。而真正的接纳，来自最初牵手时的精神对等和契合，以及慢慢磨合中的不断成长和彼此影响。所以，婚姻中，不仅需要精神上的门当户对，更要一起成长。

很多婚姻的美满不是因为在一个家里有共同打拼的痕迹，有共同的孩子或财产，而是因为两个人的精神对等。不论是妻子还是丈夫，有一天当你停止不前，不再前进，对方在你这里没有任何可以提升或参照的感觉，也没有爱的时候，他一定会离开。所以要让你的爱情保鲜，让你的婚姻保鲜，就要让自己持续走在成长的路上。

我给别人上课时也讲，我们女人不应该学着如何驾驭男人，不应该想着如何管住男人的钱包或努力抓住男人的胃，甚至使些别的手段去“对付”男人，这些都是小伎俩。真正有大智慧、有大格局的女人，一定是活得坦然，内心对什么事都不去过分挂牵的人。我指的这份挂牵不是说让你变成没心没肺的人，而是让你学成一个没心计、心胸放宽大的人。而一旦心胸宽大，就是一种成长，这种成长同时能影响对方也一起成长。

婚姻是一辈子的投资，要彼此成就

电视剧《离婚律师》中有一段话：婚姻就是一场投资，有人值得投资，有人则会随着时间贬值。有人投资成功，收获美满爱情和幸福生活；有人投资失败，落得人财两空外加心灵伤害。越早承认这一点的人，越能厘清生活的头绪。爱情是盲目的，婚姻则需要理性大于感性。婚姻中的夫妻双方，一定是相互扶持、彼此爱护的，像合伙人经营公司一样，努力经营自己的婚姻，让彼此在这项人生最大的投资中获益。

如今，我们国家离婚率越来越高，没离婚的家庭，婚姻质量好的也是凤毛麟角，这种情况和中国股市的“721 规律”非常相似。

所谓“721 规律”就是：股市长期统计下来，基本上都是 10 个股民中，最后会有 7 个人亏损、2 个人保本、1 个人赚钱。成功的投资和成功的婚姻，背后道理何其相似。在我看来，婚姻是一辈子的合作，夫妻之间的关系就是“合伙人”的关系。如果不能彼此成就，最终就会因为种种原因各走各的路。

股票投资的成功取决于几点：第一，找几只好股。第二，自己做一个有耐心的人。第三，不断学习提升专业的投资知识。同理，婚姻的成功也取决于几点：第一，找个好人。第二，自己做一个有智慧的人。第三，不断学习婚恋知识，提升自己的婚姻情商。

有一个成功的男人给大家分享经验时说，自己的确是把婚姻当成了一项事业去投资的。

他是这样说的：

我是经人介绍认识我老婆的，一见面就觉得她是一个非常平和的人，面相“旺夫”。经过一段时间接触，感觉两个人的生活理念相当契合，我就认定这个女人可以当老婆。结婚10年来，我的事业一直都不太顺利，除了两个人的工资外，家里的“外财”主要靠股票投资收入。我1993年进入股票市场，经过七八年的磨炼，加上1996年做得顺风顺水，头脑难免有些发热，风险意识淡薄，一心只想挣“大钱”。2000年年底，我看上一只股票，为此押上了全部身家，当时就想：这次做完了，不光我这辈子，连儿子活一辈子的钱都够了。但是，市场并没有按照我的期望发展，2001年，股市由“牛”转“熊”，我买的股票也没能幸免，几乎赔光了所有的钱。看着心爱的老婆和不满3岁的儿子，我觉得自己是全世界最没用的男人，不能让自己的妻儿过上安定的生活，那时的我处于人生的最低谷，心情灰暗，觉得前途渺茫。

有一天，跟老婆聊天，我说：“老婆，我对不起你，你嫁给我实在太委屈了，整天担惊受怕的。”我老婆平静地说：“没事，老公，我相信你一定会再爬起来，万一不行的话，我就出去卖保险，赚的钱也能养活这个家。”很多年过去了，每每想起老婆的这句话，我都会感动不已。

在老婆的陪伴下，我走出了人生的低谷，再造了自己的挣钱能力。由此，我深切感到：我的婚姻才是我一生中最成功的一笔“投资”，是我挣到的最大一笔“财”，我要用一生的时间来“持有”。

婚姻就是一个人最容易与最困难的“投资”。必须慎重考虑，从长计议。世上也有人仅仅抓住一次机会就得到了美满的婚姻。这一类善始善终的最为幸福的婚姻是很少见的。他们的秘诀是什么？是在他们的结合中，不仅包含着互敬互谅，还包含了一定要婚姻美满的坚定的决心与信念，同时也包含了彼此成就与成全。

我记得以前在书上看过股神巴菲特曾说过自己对婚姻的理解和认识：“我年轻时曾与我们州最漂亮的女孩约会，但最后没有成功。我听说她后来离过三次婚，如果我们当时真在一起，我都无法想象未来会怎么样。所以，其实你人生中最重要的决定是跟什么人结婚，在选择伴侣上，如果你错了，将让你损失很多。而且，损失不仅仅是金钱上的。”还有比尔·盖茨在接受杨澜采访时，被问到一个问题：“你一生中最聪明的决定是创建微软还是创建慈善机构？”比尔·盖茨回答都不是，最聪明的决定是跟一个合适的人结婚。比尔·盖茨跟巴菲特都认为一生中最重要的决定是跟什么样的人结婚。选择伴侣不是选择一个人，而是选择一种生活方式。

我记得当初想要出来创业的时候，也有过挣扎与犹豫，但爱人对我非常支持，他给我鼓励，并且放弃了自己的发展机会全力帮助我。直到今天，回首那段时光，我依然对爱人心存感恩，是他对我的成全，才有了今天的我。

婚姻，绝不仅仅是两个人一起搭伙过日子那么简单。一段好的婚姻关系里，夫妻双方彼此滋养，彼此成就，在婚姻中一起成长为更好的自己。

在一段不好的婚姻关系里，夫妻双方既不能在情感上相互慰藉，也不能在格局上相互提升，反而互相扯对方的后腿，阻碍对方成长的脚步，最终两败俱伤，惨淡收场。

事实上，如果你的婚姻稳定，你的事业也将随之迅速地达到高峰。现实中有一种威力就是：夫妻一心，其利断金。好的婚姻是为事业添砖加瓦，是事业成功的助推剂。

好好地经营这最大的“投资”吧，它会给你最丰盛的回报。一切的努力都不会白费，流泪撒种的，必欢呼收割。

第八章
幸福，生活的最高目标

幸福是有你，有他，有我们

人生在世，要面对各种各样的关系，说复杂也复杂，说简单也简单。其实，归纳起来，也不过是要解决三种关系，那就是：自己和自己的关系，自己和别人的关系，自己和别人共同变成的“我们”的关系。

自己和自己之间，本来应该是一种很简单的关系，但由于每个人的人生观、价值观和世界观不同，个性和心态不同，造成的人与人的格局不同，结果就把关系搞复杂了。作为女人，处理和自己的关系就是要认同自己、接纳自己、爱自己，遇事不钻牛角尖和自己过不去，这样就能为幸福打下基础。比如，很多人自己和自己过不去。所谓心态不好，心情不佳，心理复杂，就是因为未能正确认识自己、认同自己、尊重自己、珍惜自己和欣赏自己。其中错位比较、盲目攀比、期望值过高是造成心理不平衡的主要原因。看到别的人富有，自己难过；看到别人家的丈夫感觉自己的丈夫不如人，自己难过；看到别人家的孩子优秀觉得自己家的孩子不好，自己难过；这样一来，哪还有幸福可言呢？

事实上，每个人都是独立的生命个体，人与人之间没有绝对的可比性。与其错位比较，盲目折腾，倒不如通过理性认识自己从而实现内心的稳定平衡。要处理好自己与自己的关系，就要停止与自己对立，也就是停止对自己的不满和批判。

当处理好了自己与自己的关系之后，就要处理好与别人的关系。人活一世，不管你情愿不情愿，免不了要熟悉好多人、接触好多人、并与他们发生这样那样的关系。这些关系，可以统称为自己与别人的关系。处理好这些关系，你才能活得滋润、活得幸福。这种关系中，最直接的有家庭成员之间的关系，然后还有同事之间的关系，等等。只有正确处理好与别人的关系，才能收获幸福。在与人的关系中，我们尤其要记住三句话：看人长处、帮人难处、记人好处。

看人长处是修炼自己的心胸，因为人无完人，每个人都有缺点，如果你总是盯着别人的缺点不放，你们的关系肯定好不了。反之，学会换位思考，多看别人的优点，你就会发现，越看别人就越顺眼，就能与人处好关系，就懂得用人所长。只有懂得与别人友好相处的人，才能成事。

帮人难处就是施善与助人，因为人是群居物种，每个人都或多或少会遇到麻烦，在别人有困难的时候，伸出援助之手，帮人等于帮自己。

记人好处就是要时刻充满感恩，拥有一颗感恩之心，对身边的人怀有最真挚的感念，既是对别人好，也是对自己好。

做到这三点，处理好与别人的关系，才能在与人相处的过程中感知到幸福。

当我们学会了接纳自己，正确对待别人，那么与“别人”组成一个家庭，成为“我们”之后，除了用对待自己的那种态度对待别人，还要推己及人，站在对方的立场上思考问题。这样才能让爱情更美好、婚姻更稳固、家庭更幸福。

女人的幸福与什么有关

所有幸福都是个人化的，也是相对的。一个人如果不知道自己想要什么，是不可能感觉到幸福的，有一句话说：舍得，有舍才有得。只不过幸福的人清楚地知道自己要舍弃什么，并安心享受得到的部分；而不幸的人，尽管已经得到很多，但总在为舍掉的部分痛惜。任何一种生活都有它的快乐和悲伤，不能用一把尺子给幸福标一个尺度，很多时候，幸福与否取决于一个人对得失的态度。

针对“女人的幸福与什么有关”这个问题，我曾在姐妹们中间做过一个调查——美貌、事业、爱情，三项只能选择一项，你选择哪一项？她们有的选美貌，认为女人有了美，其他两样都会有；有的选择了事业，认为有了事业做经济基础，其他两项才会有。作为一个美容行业的人，我深知女人外貌的重要性，但更知道事业对于一个女人的重要性。但我恰恰认为，女人的幸福与美貌和事业都有关系，但关系不大。真正有关的是，女人是否有一个温暖的家、一个为之奋斗的目标。

一个女人的美，不在于是家庭主妇还是职场女强人，不在于是窈窕妙龄少女还是半老发福阿姨，不在于是刚谈恋爱的懵懂青涩还是走进围城的成熟稳重。在于的是，能不能扮演好自己目前的角色，就是那种可以全然地去享受工作、享受生活，让工作和生活全然同频；可以全然地享受爱情、享受婚姻，让爱情和婚姻同频；可以全然地享受家庭也享受事业，让家庭和事业同频。只要你此时此刻，都很专注地去跟这个此时此刻该做的事情连接，你会发现你的精力永远都是充沛的，永远都是用不完的，或者说有使不完的劲儿。我想，这就是女人最幸福的一种状态。

一旦有了这种状态，家人会在与你相处的过程中感到舒服，不用提防你随时来的暴躁情绪，也不用担心你没完没了的唠叨和埋怨。

有一次，我和爱人聊天。我很真诚地跟他说："老公，我非常确定地知道你不会离开我。我之所以如此笃定地相信，不是因为我要扯着你或看住你，而是你从我身上能看到正能量，能汲取到让你踏实舒畅的东西，并且在我身上感受到很多很多的爱。"

在我看来，一个人的心智对自己日常生活与身心健康的影响非常大。如果一个人有平静与稳定的心情，一定会影响到他对其他人的态度与行为。也就是说，一个人保持心智状态的安静、清明与和平，外界的环境与状况很少能扰乱他。反之，如果一个人的心智状态是纷扰不安的，即使处于最舒适的环境，最好的朋友们围绕着他，也很难使他平静或欢喜。这说明，我们的心理态度，是决定我们感受快乐幸福以至于身体健康的极重要的因素。

一个成年人，爱自己，就要做一个心智成熟的人，知道怎样让自己活得不难受，也让身边的人活得不难受。我想，尤其是女性，自己活得不难受，就会带给家人更多的爱，这不正是幸福的开始吗?

一个家庭，女人的幸福是全家的幸福。女人既是丈夫的助手和伙伴，也是孩子的母亲、公婆的儿媳。女人在家就像家庭的主轴一样，起着维系家庭关系的核心作用。另外，对孩子影响最大的，母亲排第一，父亲其次。怀胎十月，孩子跟母亲血脉相连，生下来又是在母亲怀里哺乳养育，这都是父亲没法比的。母亲的身心行为、言谈举止，对孩子的榜样作用更为深远。因此，母亲对于下一代的影响就起到了举足轻重的作用。

所以，每个女性降生人间都是带着使命而来的，这个使命就是成为一个让家和睦、让家幸福的人，而这种带来幸福的能力也是有格局的另一种表现。

个人的幸福能力决定家庭的幸福指数

很多人生活并不幸福，或者即使生活并不难过，却依然没有感知幸福的能力。比如，我们在日复一日、柴米油盐的平常生活中，是否会在下班后带着疲惫回到家，为谁做饭谁洗碗争吵？是否会为了孩子参加培训班争得面红耳赤？是否会在晚餐后一家人坐在一起却各自盯着电子产品，没有交流？是否会为了一句本无恶意的话语争吵甚至冷战？是否由于失去了工作产生焦虑，亲戚或家人生病了感觉人生灰暗？而当我们遭遇这些的时候，还能有幸福的体验吗？造成如此情景是我们真的不幸福，还是不懂幸福或者不会幸福？

每个人都在追求更好的生活——或是更高的职位、更高的收入，或是更小的压力、更轻松的环境，或是完成一项目标的成就感，或是家人对你的赞许和依赖，但总结起来追求的无非都是让自己感到幸福。追求幸福是我们一切行动的根源，虽然每个人都以追求幸福为出发点去生活，但并不是每个人都可以感受到幸福。

所以，幸福因人而异，是否具备幸福的能力，也是考验一个人是否具备格局的指标。

我们来看一个故事：

有一个心理医生离了婚，失去了家庭，最初他并没有意识到是什么导致了家庭的不幸福，导致自己过上了落单的生活，直到他40多岁的时候，经历了很多人和事，才幡然醒悟地说：我到40多岁的时候才觉得幸福是那么重要，此前我一直觉得自己不是一个幸福的人。后来我才知道，是我错了，幸福不是那么惊天动地的，不是那么大张旗鼓的，不是像我们想象的需要很多的金钱、需要那种万丈光芒的时刻。只要我们每一个人努力去争取、去奋斗，我们就会享有自己的幸福。

我最早关注到幸福这个问题，其实还是得益于德国哲学家费尔巴哈。他说过，人活着的第一要务就是要使自己幸福。我当时看到这个说法挺惊讶的。我们会觉得自己有很多的小目标，我们会被这个社会大的舆论所引导，被一些潮流所裹挟。可是，你一定要清楚，这一生你最重要的事情是让自己幸福。

西方某个国家进行过一个调查研究，题目是“谁是世界上最幸福的人”。因为在报纸上发出了征集答案的征文，成千上万的信函就飞到了报社。报社组织了一个评选委员会，想看看民众中对于幸福、对于谁是最幸福的人有怎样的答案。最后，按照得票的多少，第一名是给自己的孩子洗完澡后怀抱婴儿的妈妈；第二名是给病人治好了病后目送那个病人远去的医生；第三名是孩子在海滩上自己筑起一个沙堡，夕阳西下的时候，这个孩子看着自己筑起的沙堡时自得其乐的微笑；第四名是给自己的作品画上句号的作家。我看到这个答案以后，心里充满了悲凉。在某种程度上，这四种幸福在那个时候的我身上其实都已经历过。我有孩子，给他洗过澡，有抱过他的时候；我是做美容的，也有目送微整的“病人”出院的时候；我可能没有在海滩上筑起过沙堡，但是小时候在我们家附近挖过坑，然后看着旁边的人不小心掉进去。我之所以难过，是因为我集这些幸福于一身，可是我未曾感到幸福。我想，不是世界错了，而是我自己错了。我对于幸福的认识和把握，对它的追求，其实有重大的误区。如果我能及早让自己拥有幸福的心智，就可以惠及我的家人、我的伴侣，甚至还能传承给我的孩子。正如费尔巴哈说过的那样，人活着的第一要务就是要使自己幸福。

一个家庭幸不幸福，80% 以上取决于女主人。幸福是一种气质。女人的幸福不是靠男人给的。女人要有让自己幸福的能力。热爱生活，照顾好家庭，不冷落自己，才是女人真正的幸福。有能力让自己幸福，有能力给男人幸福，这样的女人才是真正聪明、有格局的女人。

女人有格局，幸福三代人

老人常言，男人的幸福是个人的福，而女人的幸福是全家的福。所以，一个女人优秀、有格局，就能够优秀一个家庭，并且幸福三代人。国学大师曾仕强曾经说：一个成功的男人背后，一定有一个贤明的女人，这是毋庸置疑的。但是一个男人找错了妻子，却会倒霉九代，甚至出现九代都收拾不了的残局。男婚女嫁不是找个对象那么简单的事情，它牵扯到一个家庭未来的延续，不可不慎重，不可不事先做好防范，因为未雨绸缪总优于事后补救。

虽然倒霉九代的说法多少有些夸张，但也充分说明了一个问题，女人对一个家庭的影响十分深远又重大。

每个人的生命直接来源于母亲，母亲的素质直接关系到子女素质的高低、品行的好坏，甚至事业的成败。

一个人从胎儿时期到牙牙学语，从蹒跚走路到稳步健跑，均取决于母亲的启蒙早教；一个人的为人处世更深受母亲的言传身教的影响。

一个女人能够决定父母晚年的幸福，能左右儿女童年的快乐，也会影响隔代人的未来。一个男人的命运可能取决于三个女人，一个女人却能影响三代人的幸福，可见女人在家庭中充当的角色至关重要，一个家庭的幸福指数大多数取决于女主人。

女人对一个家庭的重要性是毋庸置疑的。她是家庭文化的核心，她的言谈举止，如对长辈的孝敬、与爱人间的和睦相处以及对孩子人格的形成，都有着潜移默化、至关重要的影响。一个家庭将形成什么样的风气，一个女人的作用，是无可替代的。

有名言说：一个伟大的成功者，必有一个伟大的母亲。养儿不教，如同养猪。但现在的问题，不是母亲想不想教的问题，而是有没有能力教的问题。许多为人父母者，在成为父母之前，自身的素养和世界观、价值观都有问题。这些问题深入血液中成为教育基因，对孩子的成长有着决定性的影响。一个豁达开朗的母亲和一个小气自私的母亲，一个勤奋知性的母亲和一个懒惰而浅薄的母亲，一个积极乐观的母亲和一个悲观绝望的母亲，引领和教育出来的孩子，肯定完全不一样。

所以，女人需要放大自己的格局。只有在见识、修养、财富、健康等各方面把自己打造得完美，才能在活好自己的同时，惠及家庭成员，带给家庭更多的福气。

有着"当代福尔摩斯"之称的"华人神探"李昌钰博士在《谢谢了，我的家》节目现场回忆起母亲对家庭的奉献时动情落泪。李昌钰生长在一个有着 13 个孩子的单亲家庭之中，父亲的去世让他的母亲承受了巨大压力，但在母亲的教育下，13 个孩子都取得了不小的成就。节目中，李昌钰袒露母亲对自己说的印象最深的一句话是"虽然没有钱，也要干干净净"。他回忆，在他庞大的家庭之中，因为自己岁数小，小时候穿的是兄长穿过的衣服，但是母亲总是会要求自己穿得整洁而干净。在他看来不只是穿衣服，做人也应如此。正是由于母亲的教导有方，才有了他们兄弟姐妹的成就，才有了家族的兴旺。

这样伟大的母亲当然很稀缺，但是我们每个普通的家庭，普通的女人，如果能成为一个有格局的人，也能照护自己小家的平安，要先解决小家的幸福，推而广之才有社会的安定。先把自己的孩子培养成才，孩子再培养自己的孩子，这不就是幸福三代人、多代人吗？

给孩子树立幸福的榜样

被称为“韩国第一妈妈”的张炳慧博士，曾经将自己的三个中国继子送进了哈佛大学和耶鲁大学，特别是曾经被认定有学习障碍的老二，哈佛大学毕业以后在曼哈顿商界叱咤风云，成为一流的企业家。她在《好孩子的成长 99% 靠妈妈》这本书中写道，孩子在成长过程中是通过模仿，从生活中一点一滴学习和积累人生经验的。忙碌了一天的她，每天回家做完家务，从来不看电视。她说：“对于忙碌了一天的我来说，看一个有趣的电视节目，放松一下紧张的大脑是一个非常不错的选择，但是，如果我看电视，孩子们也会去看电视。因此，我宁愿把看一本有趣的书当作休息。”在她的榜样影响下，三个孩子都把读书当作世界上最有趣的事。父母对孩子的影响，行为比言语重要得多。

父母对孩子的学习影响如此，在生活的点滴中也无不潜移默化地影响着孩子。如果母亲是一个幸福的人，父母之间有着美好的感情，家庭是温暖又幸福的话，孩子看在眼里记在心里并能融进血液里，等到他长大成人、成家的那一天，他也会在幸福的原生家庭影响下，成为一个幸福的人。

我们每一个人从父母原生态的家庭中脱离出来组建自己的小家，既独立又牵系。上有父母，下面将来要有孩子，中间这环做得好与不好，关乎重大。所以，作为母亲，有义务有责任去当好幸福家庭的建筑师，用心经营幸福生活。只有经营好一个家，才能培养出一个优秀的孩子。

孩子成长为什么样的人，取决于父母给他们营造的家庭环境。夫妻关系对孩子成长的影响，远比我们想象中的更深远。好的夫妻关系帮助孩子顺利地实现性别认同，保持家庭成员之间的平衡与适度亲密，还会在孩子心里种下一颗叫作“幸福”的种子……有句意味深长的话：对孩子最好的爱，就是爸爸爱妈妈，妈妈爱爸爸，爸爸妈妈一起爱孩子。

只有父母都爱孩子，同时他们又深深相爱，不会因为爱孩子而忽略对对方的爱，这样，孩子就会慢慢懂得，尽管妈妈如此爱他，但爸爸才是妈妈最好的伴侣，而他不过是个孩子。于是，他会安心地做孩子，享受父母给他的爱。同时，他努力向爸爸靠拢，知道只有变得像爸爸一样，才能赢得妈妈更多的爱。这种心理转变，是男孩成为好男人和女孩成为好女人的基本动力。所以，幸福的家庭是孩子心灵成长的沃土，也是日后两性关系相处的参照。

所以，幸福的家，父母教给孩子的是：

如果是父亲，就要对女儿说，我爱你，但妈妈才是能陪伴我一生的；

如果是母亲，就要对儿子说，我爱你，但爸爸才是能陪伴我一生的。

在家庭关系中，夫妻关系一定要大于亲子关系，当我们高喊着一切为了孩子的时候，先修正夫妻关系，才是对孩子真正的好。

首先，父母之间感情深厚，彼此深爱，这样幸福的家庭关系会给孩子带来安全感，对孩子的成长非常有利；其次，父母之间的相处方式和关系，会对孩子未来的婚姻观和家庭观产生深刻的影响，牢固的父母感情对于孩子是非常正面积极的示范，有助于孩子未来婚姻幸福；最后，把良好的夫妻关系摆在良好的亲子关系之前，这样的家庭氛围不是以孩子为中心的，有助于孩子培养正常的心态，摆正自己的位置，不会太自我。

所以，爱孩子先从爱伴侣开始，爱伴侣先从爱自己开始。真正的爱自己就是会自省、会换位，在深耕了夫妻关系的同时，才能经营好一个家，才能给孩子更好的爱和滋养，才能给孩子幸福的参照。

夫妻是家庭气氛的缔造者，是家庭稳定的维护者，是经济收入的创造者，是双方老人的赡养者，是孩子成长的教育者。夫妻关系不和谐，其他一切关系都会受到影响。因此，家庭和谐，要从夫妻关系说起。建立了和谐的夫妻关系，才能惠及亲子关系。

后　记

优雅女人在岁月中修炼自己

如果给天下的女人们一个实现愿望的机会，也许大部分人都期望自己变得更加美丽。女人对美的渴望，几乎超出了对世间其他一切东西的欲望。能够成为一个人人称赞的大美人，大概是许多女人一生最“钟情”的美梦。

然而，美是多维度的呈现。外表天生丽质的人当然属于美的范畴。但这个美经不起岁月的打磨。所以，心美将伴随女人走得更远。心美的根本就是放大的格局。女人的样貌，看似不可改变，但在如今科技发达的年代，“改头换面”也并非完全不可能的事情。唯有内心智慧的沉淀，需要众多时日，以水滴石穿之力，渐渐浸入内心，融入灵魂，方能令女人的气质大放光彩。

没有美丽的外表，我们可以通过化妆、整容来修饰或弥补；没有强大的内心，我们也可花费数年时间，将自己置于种种磨炼之中，以此获得锻炼；没有聪慧的大脑，我们还能利用业余时间努力苦读，以各类书籍渐渐充斥空虚的头脑。我们要想让自己心情愉快、精神放松，不要给自己设限，也不要给别人找麻烦，必须改变自己头脑中那些错误的观念、偏执的思维惯性，学会改变、提升和不断修炼。

真正的修炼来自我们生活的当下，来自每一天的衣食住行和言谈举止。看到自己的身体，当我们全身心地去体验当下身体的感受时，过去的“故事”和将来的“糟事”就会自然消退；看到我们的情绪，当我们接纳任何情绪都是自己的一部分，并与之和平相处时，内心的平和就会自然显现；看到自己的思想，当检视到我们头脑里那些让我们痛苦的执念，并清晰地告诉自己那不是真实的时，一片崭新的天地就会重新开启；看到自己的角色和身份认同（面具）背后黑暗（不认同）的一面，当我们觉知它，并接纳和允许它存在时，一个完整的自己就会与我们相遇。

因为我们有义务和责任让自己成为和平、充实、无挂碍又无所畏惧的人，这样的人注定会收获爱、喜悦、和平与幸福！

王俊棋